エナガの重さはワンコイン

身近な鳥の魅力発見事典

絵・文　くますけ
監修　上田恵介

はじめに

本書を手にとっていただき、ありがとうございます。

野鳥はもっとも身近で見ることのできる野生生物です。ふわふわのぬいぐるみのような鳥もいれば、いかつい鳥もいます。その見た目だけでも人を惹きつける彼らですが、時にハッとするような野生の生きざまを見せてくれます。

たとえば、公園などで1カ所にたくさんの羽毛が落ちているのを見たことはないでしょうか。これは明らかに「事件」の匂いがしますね。ハトがのどを膨らませて歩き回っているのにもちゃんと意味があって、彼らにとって大切な「儀式」です。鳥たちは日々、私たちの周りでドラマチックな物語を繰り広げているのです。

このドラマに気づくにはコツが必要です。スマホは置いて、空が眺められるくらいの心の余白を作りましょう。そして本書の出番です。

この本は図鑑でも専門書でもありません。テレビのガイドブックだと思ってください。登場人物のキャラクターを知っているとドラマがより楽しめるように、バードウォッチングがより楽しくなる豆知識を一冊にぎゅっと詰めこみました。

ぜひ、あなたの「推し」を見つけてみてください。

あなたは誰推し？

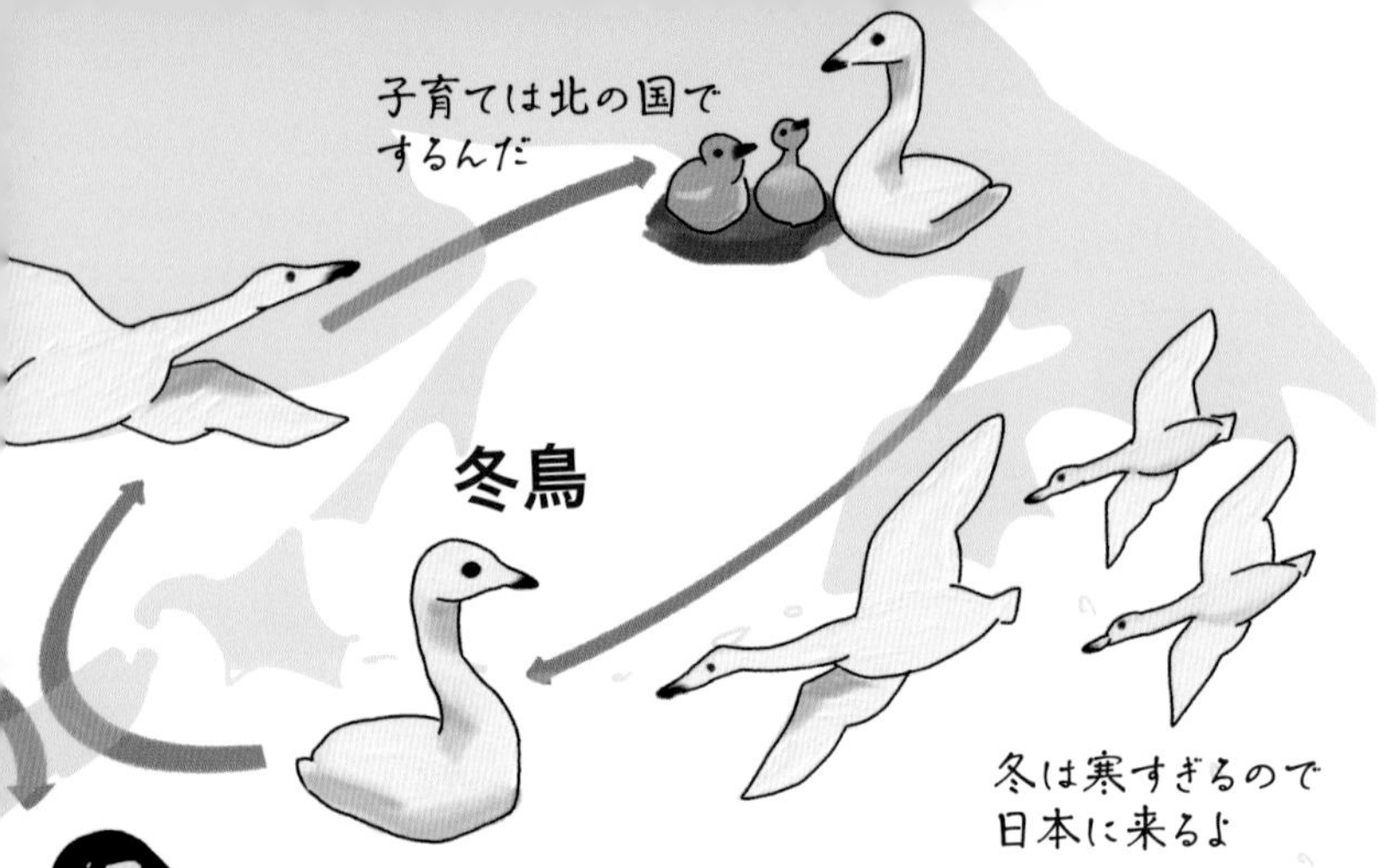
子育ては北の国で
するんだ
冬鳥
冬は寒すぎるので
日本に来るよ

	春	夏	秋	冬
	繁殖期		越冬期	
	婚活	子育て	冬の準備	乗り切れ！
夏鳥（ツバメなど）	日本		日本より南の国（台湾、ベトナム、フィリピンなど）	
留鳥（シジュウカラなど）	日本		日本	
冬鳥（ハクチョウなど）	日本より北の国（ロシアなど）		日本	

鳥の年間スケジュール

鳥の1年をおおざっぱに説明すると、春夏は繁殖期、秋冬は越冬期と2つに分けられます。繁殖期は春に婚活をして、夏は子育てをします。越冬期の秋冬は、寒くエサが少ない厳しい冬に向けた準備と、頑張って乗り切ることに全集中をするシーズンです。基本的に鳥はこのサイクルです。

　違ってくるのは場所の選び方です。たとえばシジュウカラは、繁殖も越冬も日本でします。一年中日本に留まっているので、こういう鳥を「留《りゅう》鳥《ちょう》」と呼びます。ツ

子育てのために
日本へ渡るよ
留鳥
1年中日本の
中にいる
鳥もいるよ
夏鳥
ボクらに
日本の冬は寒すぎ
もっと南へ

バメは夏は日本で子育てをして、冬は暖かい南の国に渡っていきます。夏にしか日本で見ない鳥なので「夏鳥《なつどり》」と呼びます。ツバメの逆パターンで、ハクチョウは子育ては北の国で行い、冬に日本にやってきます。これを「冬鳥《ふゆどり》」と呼びます。

　留鳥が一年中日本にいるといっても、夏は長野で冬は東京、のように国内での移動もあります。翼が生えている生きものならではのダイナミックなライフスタイル。ボクはいろんな地域のいろんな文化を感じるのが好きなので、鳥たちのこのような暮らしに憧れています。

鳥を見るにあたって知っておくとよいこと

ツピーツツピー
チッチッ

さえずり

オスが結婚相手を探すときに鳴くラブソングがさえずりです。種類によってさえずり方が違います。「鳥　鳴き声」で検索するといろいろ聞くことができますよ。

地鳴き

鳥たちの日常会話が地鳴きです。チッチッ、キョッと地味な鳴き声がほとんどですが、鳥を探す上でこの声が大切な情報源になります。

ジュリリ
ジュリリ

鳥の見つけ方

大切なのは耳です。鳥の発する声やモノ音に耳を傾けましょう。鳥を見つける順番としては、まず耳、そして肉眼で存在を確認してから、双眼鏡で見るといったイメージです。

ガサッ

おすすめの時期・時間帯

鳥は通年いますが、冬は木の葉っぱが落ちているので単純に見つけやすいという意味でおすすめシーズンです。また朝、活発に活動しますので、通勤通学の時間帯がベスト。ちょっと余裕をもって家を出てみてはいかがでしょうか。

カメラで撮る

鳥は動き回るのでなかなかじっくり観察できないものですが、写真にしてしまえば家でじっくり見られます。こちらもコストはかかりますがカメラで撮るのも楽しいですよ。

あるといい持ち物

双眼鏡があるといいです。はじめは1万円くらいのもので十分です。音楽フェスなどでも使えますから思い切って買っちゃいましょう。買う時は「倍率8倍」と書いてあるものを選ぶといいです。

気をつけたいマナー

「むやみに脅かさない」「餌付けをしない」といった鳥へのマナーと、「私有地に入らない」「双眼鏡で人をじろじろ見ない」「公園利用者の邪魔になるような陣取りをしない」といった人へのマナーがあります。

目次

街の鳥

公園・緑地の鳥

野山の鳥

水辺の鳥

コラム

凡例・本書の使い方

構成について

鳥がおもに見られる環境ごとに「街の鳥」「公園・緑地の鳥」「野山の鳥」「水辺の鳥」の4つに区分して紹介しています。ただ「水辺の鳥」として紹介したトビが山でも見られるように、その場所以外で見られるケースもあります。鳥は移動もするので、大まかな目安として捉えてください。各環境内では、科ごとに紹介し、概ね小さな鳥から順に掲載しています。

解説内容について

●漢字名については代表的と思われるもの一つを掲載しています。
●大きさは、くちばしの先端から尾羽の先端までの長さ（全長）を記しています。
●時期については、概ね本州の平地で見られる期間を示しています。
ただ、渡りの時期は多少前後しますので、表示した期間外で見られることもあります。

体重は単3乾電池スズメ

もし持ってみたら？

突然ですが、スズメを持ってみたことは、ありますか？　ボクはありません。「ないんかーい！」と思われるかもしれませんが、野鳥の捕獲は法律で禁止されているので、持てる機会はほとんどありません。でも、重さを体感してみたいので身の回りの物に例えてみましょう。

スズメの体重は24g。なんと、単3乾電池と同じくらいという軽さ！　ふさふさな羽毛に覆われて着ぶくれしているだけで、実際の体はかなり小さめです。

たった電池1個分の重さにスズメの命が詰まっているかと思うと、いつものなんてことない鳥が違って見えてきませんか？

実は短命？　スズメの寿命

今日、スズメを見ましたか？　実はそのスズメ、来年にはほとんど別のスズメになっています。スズメの平均寿命はたった1年3ヶ月。見た目がほとんど同じなので、違いがわからないだけなのです。

短命な理由の一つが、厳しい冬。彼らが生き延びるための苦労は想像を絶します。寒いし、エサがないし、敵に襲われるしで、もう大変……。無事に春を迎えられたものはエリート中のエリート。体が強いだけでなく、頭も良くないと生き延びられません。のん気そうに見えるけど実は日々頑張ってるんですね。

Birds Profile

漢字名	雀
科名	スズメ科
大きさ	15cm
時期	1年中

ほおとノドに黒い模様。鳴き声はチュンチュン以外にもジュジュジュと鳴いたりバリエーションが豊富です。市街地だけでなく農耕地でもよく見られます。人間が近くにいる環境を好みますが、人間が好きかというとそうでもありません。ちょっと近づくだけで逃げてしまう警戒心の強い鳥です。

ハクセキレイ

お尻フリフリは警戒のサイン

楽しいからではない

コンビニの駐車場などでよく見られるハクセキレイ。いつ見てもお尻をフリフリしています。てっきりノリノリなのかと思ったら、むしろ逆。「こんなにフリフリできるおいらは強いぞ！　かかってきてもムダだぞ！」の意味があると考えられています。

コンビニの前で気楽にエサを探しているのかと思ったら、あれはあれで警戒しながら生きているのです。

Birds Profile

漢字名	白鶺鴒
科名	セキレイ科
大きさ	21cm
時期	1年中

高速で歩いて地面にいる昆虫などを食べています。でも、空中の虫をフライングキャッチして食べるくらい飛ぶのも上手です。オスの羽は、夏は白黒はっきり分かれますが、冬になるとグレーが増します。メスは夏でもグレーっぽいです。尾羽を上下に動かすのはセキレイ科の特徴。

スマートなボディに図太い神経

車を運転していると、目の前にハクセキレイが出てきました。このまま進んだら轢いてしまいそうな場所を、ちょこまかと歩いています。避ける様子はまるでありません。

「本当に危なくなれば飛んでくれるだろう」と信じ、車を進めたのですが、どこまで行っても飛ぶ様子なし。くちばしにカスったのでは？　と心配になりましたが、また元気に歩き回っていたので大丈夫だったようです。

ハクセキレイは、もともと冬鳥としてやってくる鳥でした。それが今では全国各地で通年見られる鳥になっています。それだけ分布拡大ができたのは、スマートなボディに似合わない図太い神経のおかげでしょうか。

カルシウム不足はカタツムリで補給

シジュウカラ

丈夫な殻にするために

シジュウカラが1回の子育てで産む卵の数は8~9個。卵の殻を作るためにはカルシウムが必要ですが、どうしても不足してしまいがちです。そこで補給のために食べるのがカタツムリの殻。普段は食べませんが、繁殖の時期になると好んで食べるそうです。

一方、複雑な心境なのはカタツムリでしょう。そもそも身を守るために殻があるのに丸ごと食べられてしまうなんて。「せっかく作ったのに意味ないじゃん!」と、殻を放り出したい気分かもしれません。

シジュウカラ語講座

シジュウカラは天敵の種類で鳴き方を変え、危険を仲間に伝えます。

ツミやオオタカは成鳥でも狩られてしまう、とても怖い存在です。「シーッ」や「ヒーヒー」などの警戒音を出して、危険が近づいていることを知らせます。カラスやテンも油断ならない存在。卵やヒナを狙ってくるのです。彼らに対しては「ツピ、ツピ、ツピ」と強い調子で鳴きます。

最後に、ヘビが現れた場合は「ジャージャージャー」です。ヘビだけにジャー。

Birds Profile

漢字名	四十雀
科名	シジュウカラ科
大きさ	14cm
時期	1年中

お腹に伸びる黒いネクタイの模様と、白いほっぺが特徴。スズメ40羽ぶんの価値があるから四十雀という説がありますが、スズメと同じくらいよく見かける鳥です。黒いネクタイが太い方がオスで、細いのがメス。ちなみにオスのネクタイは太ければ太いほどモテるそうです。

ツバキの傷の犯人は君だったのか

メジロ

Birds Profile

漢字名	目白
科名	メジロ科
大きさ	12cm
時期	1年中

公園や庭でも見られる鳥で、スズメより少し小さいです。羽の色は緑色。和菓子のうぐいす餡の色に似ているのでウグイスと間違われますが、本当のウグイスは薄い茶色です。トレードマークは、目の周りの白いリング。暗いところにいても目の周りが目立つのでわかりやすいです。

甘い蜜が大好き

ツバキの花びらに穴が空いていることがあります。容疑者として考えられるのはメジロです。メジロは花の蜜が大好物。蜜を舐めるときに花びらを足場にするので穴が開いてしまうのです。

ただ、ツバキとしてはメジロに花粉を運んでもらうことを期待してますので、花びらを足場にされるなんて想定内。そのくらいでは壊れない頑丈な花びらにしています。

樹液が甘いのも知っている？

春のはじめ頃、コナラの樹液を舐めているメジロを見ました。まだ寒さが厳しいこの時期、木は凍らないために樹液の糖度を高めます。樹種は違いますがメープルシロップは樹液を煮込んで凝縮したものですからね。メジロはちゃんと甘くなったこのタイミングを知っているのでしょう。ほんと、甘いものには目がないんですね。

ついに声まで甘い？

メジロの鳴き声は「甘い声」と紹介されるのですが、まだメジロの声を覚える前だったボクは「甘い声ってなんだよー。意味わからん！」と疑問に思っていたんですね。でも実際にチィーという鳴き声を聞いてみるとたしかに甘い！やっぱり甘いものばかり食べていると甘い声になっちゃうのでしょうか？

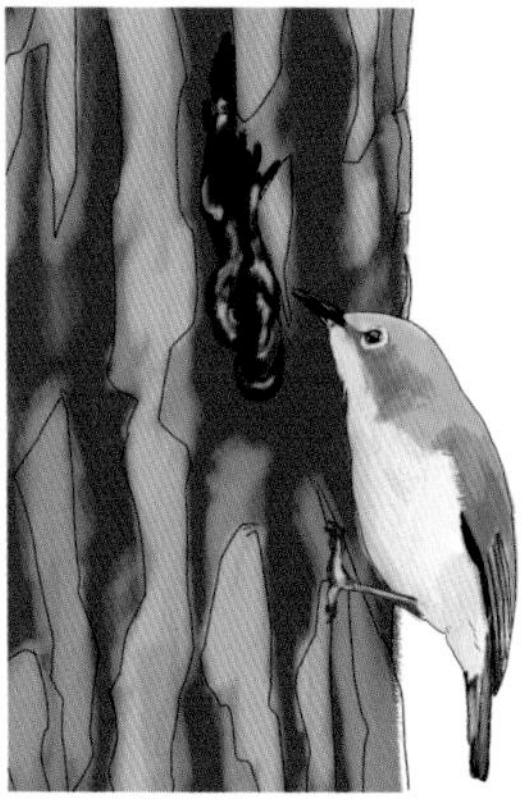

ツバメ

この子らを育てるため毎日500匹の虫必要

ツバメ一家の食卓事情

ツバメのヒナは1日におよそ100匹のエサを必要とするといわれています。一つの巣でヒナは平均5羽だそうですので、毎日500匹もの虫を捕まえないといけません。食べさせても食べさせても「エサくれー!」とねだられるので、ツバメ一家の胃袋を満たすのは大変です。

狙いはオスバチだ

ツバメが捕まえるのは空中を飛んでいる虫。その中にミツバチも入っているのですが、不思議なことに、わかっている限りでは全部オスバチなのだそうです。たしかにメスバチだと毒針を持っていますから、ヒナに食べさせるにはリスクが高いです。オスは毒針がないので、その点安心。ただ、メスバチも飛んでいる中でオスだけを見分けて空中で捕獲するなんて、ツバメの視力恐るべし!

ツバメの飛び方で天気予報をしてみよう

ツバメは雨が近づくと低い位置を飛びます。低く飛ぶ理由はツバメのエサである虫に関係があります。雨の前後には湿度が上がります。小さな虫たちは湿度が高くなると体が湿って重くなり、いつもより低いところを飛ぶようになります。なので、そんな虫たちをエサとしているツバメも低く飛ぶのです。ツバメの飛び方でちょっとした天気予報ができますね。

Birds Profile

漢字名	燕
科名	ツバメ科
大きさ	17cm
時期	4〜9月

夏になると東南アジアから渡ってくる夏鳥です。長く2つに伸びた尾羽が飛んでいるときにも目立ちます。ツバメは人が生活している環境に巣を作ります。空き家には作りません。天敵であるヘビなどが近づいたときに人に退治してもらうのを期待しているようです。

電線に止まる鳥 トップ3

Column

ある種の病気、いや特技なんですけど、本当にいつも鳥を気にしていまして。歩いていても、電車に乗っていても、車の運転をしていても、鳥をチェックしています。運転中はさすがにあぶないので赤信号で止まってるときに電線をチェック。いなければ電柱をチェック。木のほうが止まっているのでしょうけど、電線は遮るものがないので通年観察しやすい場所なんです。ボクの大好きな本に「電線によく止まる鳥ランキング」がありましたので、ここで紹介します。

No.3 夏：ツバメ（左）
冬：ハシブトカラス（右）

季節によって変わります。夏はツバメです。夕方になると休憩タイムなのか仲良く並んで羽のお手入れをしている様子が見られます。冬になるとカラスがランクイン。賢いカラスですから、高いところから眺めて、何を企んでいるのでしょうね。

No.1 スズメ

これは納得のランクイン。電線にスズメが止まらなくて、どこに止まるんだ？　というくらい電線の常連ですね。

No.2 ムクドリ

たしかに電線にびっちり並んでる光景を見かけます。ヒヨドリとの違いは尾です。ムクドリは短いのでヒヨドリに比べると丸っこい印象です。

番外編：キジ

ボクが個人的に電線に止まっていてびっくりしたのがキジです。明らかにデカく、ほかの鳥と比べてもシルエットが違う。まさか鳳凰か？　と思ったらキジでした。

出典：三上修『電柱鳥類学』岩波書店

モズ

なぜ枝に刺すかって?春の美声のためさ

モテるモズの条件

モズは肉食の鳥です。カエルやトカゲなどを捕まえたら、枝に刺してあとで食べる「はやにえ」ということをします。枝に刺さった動物の姿はショッキング映像なので、趣味が悪いとしか言いようがありませんが、モズにとっては大切な作業です。特にオスは、たくさんはやにえをして、たっぷり食べて栄養をつけることで、のどの調子がすこぶる良くなります。その結果、さえずりが美声になり、メスにモテるのだそうです。

スナイパーは群れない

モズの見た目はスズメに似ていますが、暮らしぶりはだいぶ違います。モズは杭の上など見通しの良い場所からカエルなどの獲物を見つけ、一直線に飛び降りて仕留めます。相手に気づかれずに狩る姿は孤独を愛するスナイパーのようです。一方スズメは種子や昆虫などを食べる雑食で、グループでわいわいガヤガヤ行動します。

食生活の違いは、くちばしにも現れています。モズのくちばしの先は鋭く、獲物を切り裂きやすいナイフのような機能を持っています。スズメはずんぐりとした太いくちばしで、硬い種子など食べるのに適した形をしています。

Birds Profile

漢字名	百舌
科名	モズ科
大きさ	20cm
時期	1年中

空き地や農耕地などで見られます。秋にはキィーキィーギチギチギチとなわばりを宣言。この声を聞くと秋が来たと感じます。織田信長の弟の信行はモズを鷹狩りに使っていたそうです。ふつうはオオタカなどもっと大きい鳥を使うのですが、このモズは、獲物を逃すことがなく優秀だったとか。

シブい色、シブい歌声。さて地声は？

カワラヒワ

シブい鳥

カワラヒワは身近にいるわりに、あまり話題に上がらない鳥です(※個人の見解です)。翼や尾羽にワンポイントの黄色がちらりと見えるおしゃれさんですが、体全体は緑とも茶色とも言えない微妙な色です。かなりシブい。

鳴き声はというと、ビィーンとさえずります。さえずりはラブソングなので、明るい感じで鳴く種類が多いのですが、カワラヒワはビィーン。これもシブい。ところが地鳴きという地声のような、普段の会話に使う鳴き声は高く澄んだ声でキリリ、コロロときれいなんです。このギャップが魅力です。

黄色い色は健康の色

カワラヒワの黄色い羽は飛んでいるときに目立ちます。この黄色が鮮やかであればあるほど健康である証です。

黄色は自分自身で作り出せない色なので、食べ物から取り入れるしかありません。必要になるのはカロテノイドという色素です。カロテノイドは緑黄色野菜などに含まれていて抗酸化作用もあることで知られています。なので、質の高いエサをたくさん食べれば体も健康になるし、黄色の発色も鮮やかになるという仕組みです。

Birds Profile

漢字名	河原鶸
科名	アトリ科
大きさ	15cm
時期	1年中

河原に限らず公園、農耕地、住宅街でも見られます。太いくちばしはピンク色。硬い種子を砕いて食べるのに適した形です。婚活はグループ交際からスタート。強いオスからカップルを作って離れていきます。つがいになれなかったオスは事故などでカップルが解消するのを待つそうです。

オスもメスもナワバリバトル

ジョウビタキ

寒い冬に向けた熱き戦い

冬になるとやってくる冬鳥で、オスはオレンジのボディ、黒い翼に入っている白い紋が目立ちます。「ほら、みて！」とばかりに見やすい場所に現れてくれるので観察がしやすいです。

ナワバリ意識の強い鳥で、日本に渡ってきてまずナワバリバトルを始めます。ふつうナワバリ争いをするのはオス同士ですが、ジョウビタキはオスメス関係なく戦い、時には取っ組み合いのケンカになるほどです。春の恋の季節に向けて秋のうちにメスに優しくしておこうなどといった下心も、色気もそっちのけで戦います！

ミラーに映った自分ともバトル

ジョウビタキのエサは虫や種子など。ただでさえ冬はエサが減ります。豊富なエサがあるナワバリを確保しておかないと飢え死にしてしまいます。だからナワバリバトルが大切なのですが、必死なあまりミラーに映った自分とも戦うほどです。

それがボクの車のサイドミラーの場合、無駄に戦わせてしまってはかわいそうなので畳むようにしていますが、道路のカーブミラーとも戦うので、それはどうにもできません。諦めてくれ～と念を送るしかありません。

Birds Profile

漢字名	常鶲
科名	ヒタキ科
大きさ	14cm
時期	10月～4月

ヒッヒッという鳴き声とともに、杭やフェンスの上に飛んできます。オスのオレンジ色に対し、メスは全体に淡い茶色。でも、オスと同じく翼に白い紋があります。近年、夏になっても北国へ渡らず日本で繁殖するつがいが増えているそうです。そのうち冬鳥ではなくなるかもしれません。

新たな生息地は都会だ！

イソヒヨドリ

都市に進出中の青い鳥

ボクは北関東の内陸部に住んでいるのでイソヒヨドリには滅多に会えません。しかし、海の近くに住む人にとってはふつうに見られる鳥だそうで、いつも会えるなんてうらやましい限りです。

近年、じわじわと内陸の都市部にも進出しているそうです。ついに我が家で見られる日も近いか⁉と期待したいところですが、イソヒヨドリは岩場に生息する鳥で、都市部に進出できているのはビルが岩場に似た環境だからといわれています。

ボクの住む地域はのどかな環境なので、見渡す限りビルらしいものが見当たりません。イソヒヨドリの進出は、まだまだ先かもしれません。

Birds Profile

漢字名	磯鵯
科名	ヒタキ科
大きさ	23cm
時期	1年中

海岸でよく見られます。ヒーリーリーなど高く涼しげで複雑な鳴き声です。かなりの大きな声ですし、夜中にも鳴くので、正直うるさいと感じることもあるよう。オスは、頭から背中は青で、お腹は赤ですが、光の加減で色がわからないことも。メスは全身茶色で同じ種類とは思えないほどです。

文句ありげなヒタキ顔

名前にヒヨドリと入っていますが、ヒヨドリの仲間ではありません。ヒタキ科といってジョウビタキやツグミなどの仲間になります。どことなく顔もヒタキ顔をしています。ヒタキ顔の説明が難しいのですが、ヒタキの仲間は基本くりくりかわいい目をしていますが、くちばしの角度のせいでしょうか？ ツンと上がっていて、どこか文句ありげな顔をしているようにボクには見えてしまいます。

キャベツが甘いことを知っている

ヒヨドリ

甘いものへのこだわり

ヒヨドリは雑食で昆虫や木の実など何でも食べますが、花の蜜や果物など甘いものも大好きです。それらの好物の近くに、ほかの鳥がいると大きな叫び声とともにやってきて、全員蹴散らして独り占めにするほどです。

冬の寒さが本格的になってキャベツが甘くなった頃。きっと美味しいとわかってるのでしょう。ヒヨドリがやってきてキャベツをついばみます。農家さんにとっては困りものですが、真冬のキャベツはほんと美味しいですからね〜。食べたい気持ちはわからないでもないです。

鳥の耳はどこにある?

鳥の耳は、どこにあるのでしょうか。ヒヨドリの場合、ちょうど耳の部分の色が変わっていてわかりやすいので紹介します。

実は、ほっぺの赤茶色のところに耳があります。ウサギには大きくて長い耳があるように、生きものによって耳の形はさまざま。鳥ならではの事情としては、飛ぶ邪魔になってはいけないので、目のすぐ横の部分に耳が隠されています。そして赤茶色の部分の形が流線型になっているのがわかりますか?こうすることで飛んでいるときに受ける風の流れを緩やかにして雑音の発生を抑えているそうです。

Birds Profile

漢字名	鵯
科名	ヒヨドリ科
大きさ	28cm
時期	1年中

市街地から公園、山までいろいろなところにいます。ヒーヨという鳴き声が、名前の由来。しかしビエー、ギェーと、大声で叫ぶ声のほうが印象に残るのではないでしょうか。実は日本の周辺にしか生息していないので、世界的にみたら珍しい鳥です。ヒヨドリが見たくて来日する人もいるようです。

裸にするとこんな感じ。ほっぺの部分に耳があります。

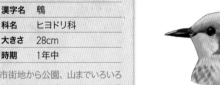

人気物件はサクラじゃなくてケヤキ ムクドリ

物件選びのこだわり

夕方にムクドリたちが駅前などに集まってきてギャーギャー大騒ぎの騒音問題になることがあります。彼らは寝るためにねぐらへ戻ってきているのです。

ねぐら物件のダントツ人気がケヤキの木です。ただ、ケヤキだったら何でもいいわけではなく、隣の木との距離とかによって好き嫌いがあるようです。

ちなみに、同じように街路樹として植えられているサクラの木は、見向きもされません。もしムクドリとおしゃべりができるなら、どのへんがこだわりポイントなのか聞いてみたいものです。

ちなみに巣の人気物件は戸袋です

ねぐらも巣も、どちらも人間にとっての「家」のようですが、多くの鳥は使い分けています。ねぐらは寝室です。大人になったら多くの鳥はねぐらで寝ます。巣は子育てのときにだけ使うゆりかご。ヒナが巣立ったらもう使いません。

ムクドリの巣は木のうろ（空洞の部分）を使うのですが、人間の建物を使うことも多く、戸袋が人気です。戸袋は雨戸をしまっておく箱の部分のこと。長い間使わないでいると、その空間がムクドリのゆりかごになってしまうのです（うちがそうなりました）。

Birds Profile

漢字名	椋鳥
科名	ムクドリ科
大きさ	24cm
時期	1年中

群れで行動し、空き地や畑などで虫や木の実を探して食べています。鳴き声はキュルキュル、ジャージャーとかなり騒がしい。大群になると隣の人の声も聞こえないほどです。ヒヨドリと間違われやすいですが、ムクドリは尾が短く、腰のあたりが白いので見分けられます。

悪役レスラーとヤドリギの関係

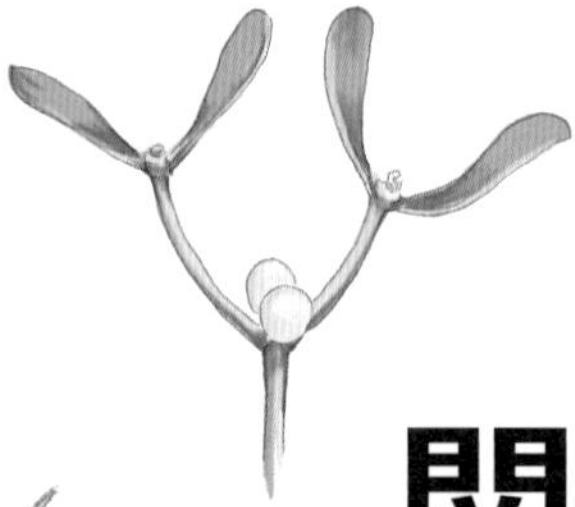

キレンジャク

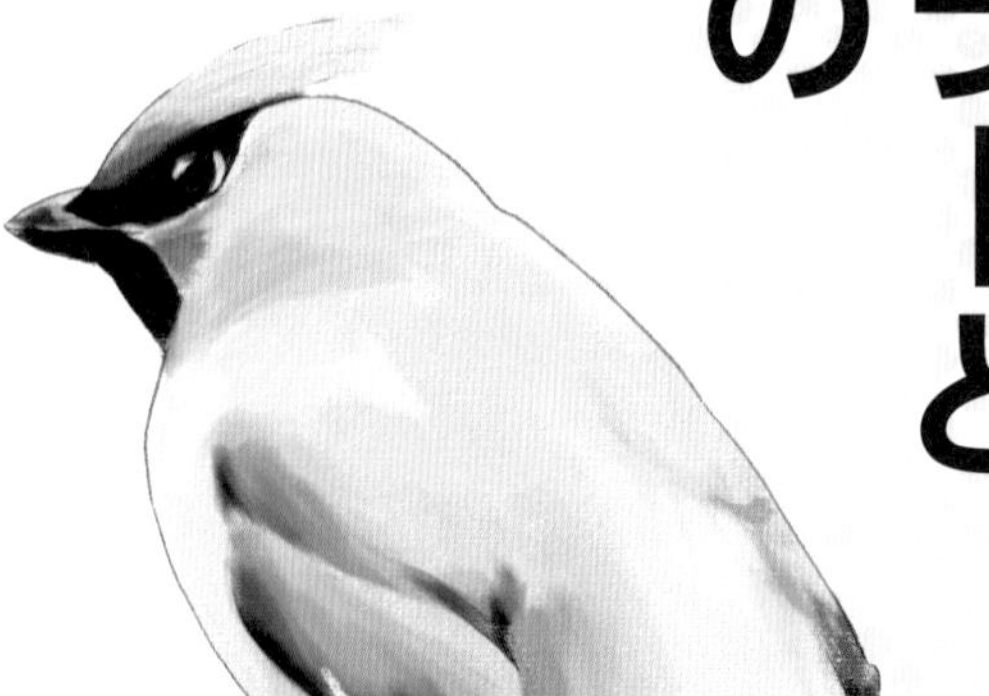

ネバネバなんて気にしない

クリスマスシーズンにヤドリギの下でキスをすると二人は結ばれるという言い伝えがあります。ヤドリギは国内でも自生する寄生植物です。スキー場などで良く見るのですが、木の一部に大きなマリモみたいなものが生えているのを見たことはないでしょうか。あれがヤドリギです。

そして、この悪役レスラーみたいな顔をしたキレンジャクはヤドリギの実が大好き。この実はものすごくネバネバしていて、フンになって出てくるときまでずっとネバネバ。おしりからネバーと垂れ、別の木の枝にくっついて新しい宿主に寄生する仕組みです。ちなみに食べたことのある人の話では、口の中が1時間以上粘つくほどの粘り気だそうです。

当たり年はいつくるかわからない

見られるチャンスがちょっと低い鳥です。ただ当たり年になれば、テレビのアンテナや電線に鈴なりに止まっているのを見られるくらいカジュアルに出会えます。当たり年かどうかは鳥に詳しい人に教えてもらうか、SNSでチェックするとわかりますよ。

Birds Profile

漢字名	黄連雀
科名	レンジャク科
大きさ	20cm
時期	10月〜4月

見た目のインパクトとは裏腹に小声でチリリと鳴きます。ヒヨドリのように傍若無人なふるまいをしそうな顔ですが、むしろおっとりした印象を受けます。人も鳥も見た目で判断してはいけませんね。尾羽の先が黄色がキレンジャクで、赤いのがヒレンジャク。ピラカンサの実もよく食べにきます。

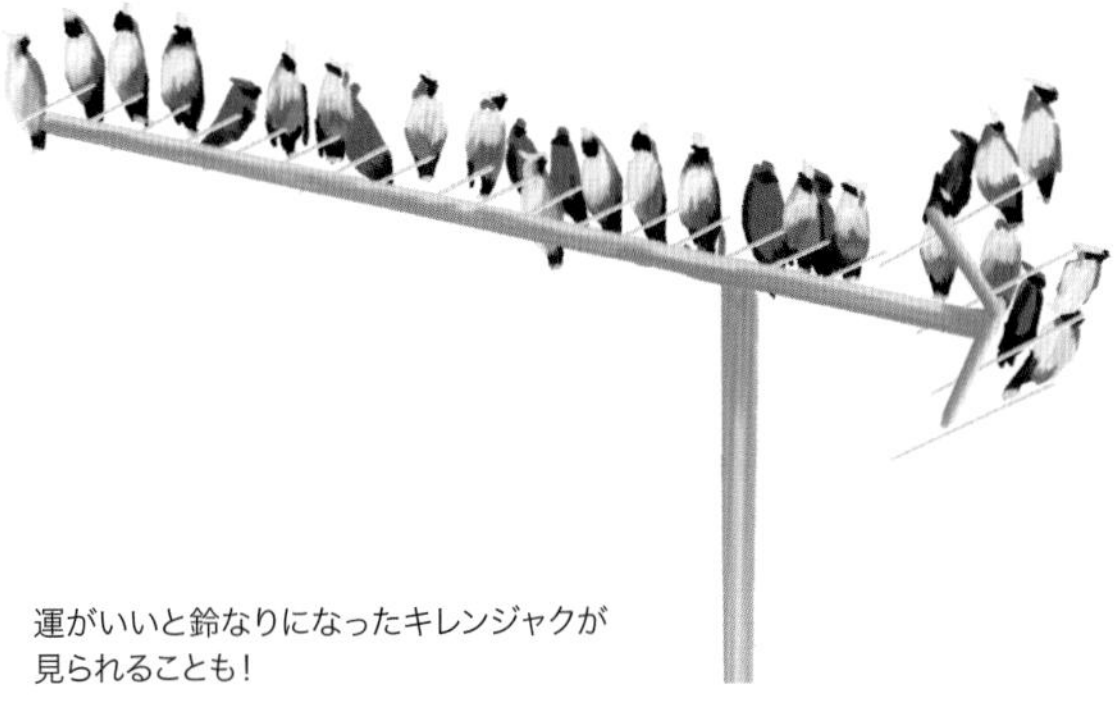

運がいいと鈴なりになったキレンジャクが見られることも！

インコだって毎朝通勤

ワカケホンセイインコ

人間は1時間インコは30分

ワカケホンセイインコのオスも、通勤しています。夜、メスは卵を温め続けるため巣に残りますが、オスは巣から離れたねぐらで就寝し、朝に巣へ向かう生活です。東京のねぐらから神奈川の巣まで片道26㎞の道のりを通勤していたとの記録があります。電車や車でも1時間はかかる距離です。

実際どのくらい時間をかけているんだろうと飛行スピードを調べてみました。時速50㎞も出せるそうなので通勤時間は約30分という計算になります。空通勤には渋滞も、乗り換えもないですもんね。鳥の通勤に憧れてしまいます。

ムクドリ負けないもん

ワカケホンセイインコが巣を作る場所は、木のうろや建物の隙間です。ところがその物件はムクドリも狙っています。ワカケホンセイインコは、体の大きさにものを言わせてゴリ押しでムクドリの巣を奪おうとしますが、ムクドリもなかなか負けておらず、奪われたら奪い返す精神で引きません。今のところムクドリの繁殖に悪影響を及ぼしてはいないそうですので、イザコザしながらも両者うまいこと巣を見つけているようです。

Birds Profile

漢字名	輪掛本青鸚哥
科名	インコ科
大きさ	40cm
時期	1年中

明るい緑色の羽が鮮やかで、キャアキャアと大きな声で鳴きます。原産地はスリランカやインドで、ペットとして日本にやってきて野生化しました。暖かい地域の鳥ですが、寒い日本の冬を乗り越えられたのは豊富なエサがあるからといわれています。また、インコなので頭が良いのも役立ったのでしょう。

結婚までの道のり ドバト

鳥の婚活は、歌ったり踊ったり、プレゼントしたりと創意工夫に満ちています。ドバトは一年中繁殖期なので、いつもお嫁さん探しに熱心です。公園や駅前にいて観察しやすいこともあり、彼らが結ばれるまでの道のりを観察していたら、パターンが見つかりました。

鳩胸でお願い

のどをふくらませ、尾羽を広げてぺこぺこお辞儀したり、その場で回ったり、メスを追い回したり。メスを見つければ手当たり次第に頭を下げている感じもします。そして、だいたい相手にされていない印象です。

見せかけ羽づくろい

首を大きく背中側に曲げて羽づくろい。ちっとも羽づくろいはできていなくて、してる風。鳩胸行動の合間にちょいちょいはさんできます。清潔感のアピールでしょうか。

最後に味チェック

くちばしを重ねてつつき合っています。ヒナに飲ませるピジョンミルクがちゃんと作れているか味見をしてるのだと思われます。

鼻のコブはコブ

ドバトには白い鼻コブがあります。キジバトにはありません。これはオスのほうが大きい傾向があるようですので白いコブをチェックしてみましょう。オスメスを見分けられるかもしれません。

ドバト

キジバト

Birds Profile

漢字名	土鳩
科名	ハト科
大きさ	33cm
時期	1年中

伝書鳩やレース用のハトが野生化したものです。首の羽は光の加減で緑や紫色に見えます。キジバトと違って、尾羽の先端が黒っぽく、基本的に群れで行動しています。都市部でオオタカやハヤブサが増えているのは彼らが獲物になってくれているおかげといわれています。

オスだって授乳できます
キジバト

ハトの育児事情

オスも授乳するって粉ミルクでも溶かすの？　と思ってしまいますが、ハトの仲間はノドの奥にある器官から「ミルク」が出せます。オスメス関係なくです。それがとっても栄養豊富で、特に生まれたばかりのヒナはそのミルクで育つのです。

ちなみにイラストの授乳の様子はだいぶマイルドに表現しています。実際はヒナが親鳥の口の中に頭を突っ込んで激しめにつつくので、なかなかの衝撃映像です。あとキジバトのヒナの見た目もなかなかにびっくりスタイルで、ETに錦糸卵をまとわせたような姿をしています。

Birds Profile

漢字名	雉鳩
科名	ハト科
大きさ	33cm
時期	1年中

羽のうろこ模様がキジに似ているのでこの名前に。首には青と黒の横縞模様があります。尾羽の先端が白っぽくてドバトとは逆。こちらはもともと山にいた鳥でした。徐々に都市に進出して、公園でも見かけます。ドバトのように群れることは少なく、単独行動かつがいでいることが多いです。

間の抜けた愛の告白

キジバトは、どこからともなく「デーデーポポー」と聞こえてくるあの声の持ち主です。あれはオスからメスへのラブソング。独特なリズムの間の抜けた歌ではありますが、キジバトの世界では告白の歌なのです。また、ナワバリを誇示する意味もあります。あの歌を聞いたほかのオスが「やべえ。強いのがいるから、ここに入るのやめとこう」と思うのか多少疑問ではありますが、彼らの習性なので人間にはわからないのです。

ニワトリ

世界で一番多い鳥

人間よりもはるかに多い

この地球上で一番数が多い鳥はニワトリです。気になるその数は230億羽！ 人間の数は80億人ですので、想像を絶するニワトリの多さです。もはや地球は「ニワトリの惑星」なのではと思ってしまいます。もちろん人間が飼育しているから、これだけの数になっています。ちなみに、野生の鳥で一番多いのはイエスズメで16億羽。日本にいるスズメとは近いけど別の種類です。

鳥の体温を感じてみよう

鳥の体温は40〜43度とかなり高め。これを体感するにはニワトリがもってこいです。家や学校でニワトリを飼育しているところもあると思います。もし機会があったら抱っこしてみてください。じんわり温かさを感じると思います。冬ならホッカイロとして持ち歩きたいほどです。なぜこんなに体温が高いかというと、パパッと飛び立てるようにするためです。もし体温が低いと「ではは飛ぶ前にウォーミングアップを」なんてことになって、その間に敵に食べられてしまいます。

バードウォッチングでは野鳥の体温を感じることは難しいですが、スズメもカラスもハトも、野鳥はみんなポカポカです。

Birds Profile

漢字名	鶏
科名	キジ科
大きさ	♂72cm　♀52cm
時期	1年中

人との関わりは古く、1万年前からともいわれています。なので、ニワトリ側も人の扱いに慣れたもので、追いかけ回していると「ほら捕まえさせてあげるよ」としゃがむポーズをとってくれます。子どもたちの自然体験にぴったりですので、飼育可能な環境をお持ちの方はぜひご検討ください。

オナガ
防衛も子育ても家族みんなで

ファミリーの一体感

　オナガはいつも10～20羽のファミリーで行動しています。ノラネコが寄ってくれば一家総出で大騒ぎして追い払います。子育ての時期には手の空いている若者らがヘルパーとなって手伝います。このように家族が一致団結できるのは、オナガがカラスの仲間で頭がいいからでしょう。

カラスとの戦い

　カラスの仲間ですが、カラスが天敵。卵やヒナを食べられてしまうことがあります。そこで目をつけたのがツミという肉食の鳥。ツミの巣の近くに自分たちの巣を作ればカラスは近づけない。これで安心。さすが賢いですね。

ツミとの戦い

　ところが意外な盲点というか必然というか、そのツミに襲われてしまうこともあります。これは計算違い。でもカラスの被害に比べたらマシなのでしょう。

カッコウとの戦い

　カッコウは、ほかの鳥の巣に卵を産みつけて、子育てを押し付ける習性があります。一時期オナガもその被害者になりかけました。しかし、ここはファミリーの団結力の見せどころ！　警備を強化し、近づくカッコウを撃退。なんとか、被害拡大は免れています。

Birds Profile

漢字名	尾長
科名	カラス科
大きさ	37cm
時期	1年中

水色の羽に長い尾羽。頭は黒く、ベレー帽のようです。青森～愛知に生息し、特に関東地方に多くいます。昔は西日本にもいましたが、今はいません。鳴き声はギューイとダミ声で、カラスっぽさを感じる声質。鳴かなければ美しい鳥なのにといわれてしまうこともしばしばです。

ハシブトガラス カラスにとって カラスは 黒くない

Birds Profile

漢字名	嘴太烏
科名	カラス科
大きさ	57cm
時期	1年中

都市部に多いカラス。のどを膨らませてカーカーと澄んだ声で鳴いたり、アーとかアワとかいろいろな鳴き方をします。雑食性で小鳥くらいなら余裕で襲います。実は身近にいるカラスは本種とハシボソガラスがいます。くちばしの太さが違いますが、見分けにくいのでハシブトだけを紹介しました。

人間とは違う鳥の視覚

カラスといえば全身真っ黒の鳥ですが、それは人間視点の話。カラスの目には違って見えています。カラスに限らず鳥は、人間よりも多くの色がわかります。紫外線は人間には見えませんが、鳥にはわかります。なので黒一色に見えるカラスも実は模様があるといわれています。カラスの羽が紫に光って見えることがありますが、そんなものではなく、しっかりと色の違いがあって、お互いの模様を認識しているそうです。一度でいいから鳥の目で世界を見てみたい！

職業は掃除屋さん

ゴミを荒らすのでイメージが悪いかもしれません。カラスはもともと雑食性で、木の実や動物の死骸など何でも食べます。自然界ではこういう生きものがいるおかげでゴミだらけにならずに済んでいます。自然界の掃除屋さんという役割を果たしてくれているのです。だから、カラスは人間を困らせるためにゴミを荒らしているのではなく、掃除屋さんとしての仕事を全うしているだけなのです。毎週決まった日にせっせとエサを並べてくれる人間の姿は、カラスにはどう見えているでしょうか。

Column

鳥の体重を身近なモノと比べてみた

鳥は飛ばないといけません。大空を舞うには大きな筋肉が必要ですし、骨も丈夫でないと飛行の力に耐えられません。だからといってゴリゴリマッチョの骨太になってしまうと体が重くて飛べません。鳥たちの今の姿は、骨も筋肉も内臓も羽毛も全部ギリギリまで軽くした努力の結晶でできあがっています。

たとえば骨の中は、空洞です。でもストローのようにすっからかんではすぐに折れてしまうので、

※重量はおおよその値です。

骨の中は細かいたくさんの柱で支えてあります。これで強さと軽さを実現しています。

寒さから体を守るため脂肪をまとうこともできますが、やっぱり重くなるので羽毛で体を覆っています。ダウンのあの軽さと暖かさは地球上で最も優れているといわれています。

軽いといっても、野鳥はなかなか持つことができないので、重さを実感しづらいですよね。ここでは身近なモノに例えて並べてみました。スズメを見ながら単三乾電池の重さを手で感じてみると、まるで実際に手にしたような擬似体験ができますよ。

さえずりが止まらない毎日2000回

ウグイス

盛んにさえずるワケ

ホーホケキョには春の訪れが感じられて心が和みますが、気にして聞いてみると、かなり連発しているのがわかると思います。なんとウグイスのさえずりは1日2000回以上。特に朝は忙しくて1時間で700回です！

こんなにも忙しいのは、一夫多妻制であるのが理由です。子育てはメスの担当で、オスはさえずりを担当します。さえずりには、お嫁さん募集の意味と、ほかのオスに「おいらのナワバリに入ってくんじゃねえぞ」の意味があります。もしもさえずりをやめてしまうと、次のお嫁さんが来ない上に、ほかのオスにナワバリを奪われてしまいます。本人たちは和んでなんていられません。鳴いて守っているのです。

ウグイス語講座 「ケキョケキョ」は警戒しろ

ホーホケキョのほかに「ケキョケキョ…」と続ける鳴き声があります。諸説ありますが「警戒しろ！」という意味もあるそうです。

ある日。さえずるウグイスの上空にタカの姿が現れました。するとケキョケキョと大騒ぎ！　タカの姿が見えなくなってもしばらくは鳴き止みませんでした。ナワバリの中にはメスがいるので、安全が確認されるまでサイレンを鳴らし続けたのかもしれません。

Birds Profile

漢字名	鶯
科名	ウグイス科
大きさ	15cm
時期	1年中

笹やぶや、枝葉が茂っている場所などで鳴いていますが、めったにやぶの中から出てこない上に、色が淡い茶色なので周囲の環境に紛れてしまい、見つけにくい鳥です。ウグイスが移動したときに葉や枝が動くのを見逃さないようにすると見られる確率がアップします。

エナガ

キュートな鳥の重さは500円

カブトムシより軽い？

エナガは身近な鳥の中ではダントツで小さな鳥です。尾が長い分、大きめに見えますが、実際の体は本当に小さく、体重は7gほどしかありません。物に例えると500円玉と同じ重さです。なんと、育ちのいい雄カブトムシのほうが重いくらいです。

Birds Profile

漢字名	柄長
科名	エナガ科
大きさ	14cm
時期	1年中

公園や住宅街でも見かけます。目の上には太くて黒い眉。肩とお尻のあたりがピンク色。尾は体と同じくらいの長さがあります。ジュリリという声が聞こえたら木の枝先あたりを探してみましょう。冬場は特に群れでいるのが見つかると思います。

抜かりないかわいらしさ

小さなもふもふボディ。つぶらな瞳。ピンクの羽。キュートさを凝縮した彼らは細部までぬかりありません。目に注目してください。アイシャドーをしているんです！ピンクは子どもで、大人になると黄色になります。「そんなところまで、かわいいのか！」とびっくりです。

世話焼き一家

エナガの子育ては、つがいの2羽以外にも繁殖に失敗した親戚が合流し、ヘルパーとして子育てを手伝うことがあります。そうすることで自分に近い遺伝子を残せるし、子育ての経験を積むことで次回に生かせるのでヘルパーにもメリットはあるようです。ただ、エナガは世話焼き魂がやや過剰で、ほかの種類の鳥にまでエサを与えちゃうこともあるのだとか！

木をつつくスピード0・3秒で10回

コゲラ

どうして木をつつく？

コゲラと聞いてもピンとこない人もいると思いますが、キツツキのことです。もちろん、木をつつきます。何のためにつついているかというと、まずはエサを探すためです。木の皮の間や、幹の中に虫が隠れているので、それをつついて探します。

もう一つの理由はメスへのプロポーズです。木を連打してタラララララと音を鳴らします。すごいのはその叩くスピードです。10回叩くのにかかる時間はたったの0・3秒！　みなさんはできますか？　試しに指で机を叩いてみましょう。0・3秒は測り方がよくわからないので1秒にしましょう。コゲラだったら計算上33回は叩けます。さあ、どうぞ！　いかがでしたか？　ボクは5回でした…。

いったい脳みそは無事なのか

それにしても、こんなスピードで頭を打ちつけて大丈夫なのかと心配になってしまいます。これについてはたくさん研究がされていて「骨の構造のおかげで衝撃がうまく分散している」とか「そもそも柔らかい木をつついてるから大丈夫」とかいろいろあるのですが、ちょっと切ない理由を紹介して終わりたいと思います。「脳みそが小さくて軽いから、ダメージを受けるほどではない」

Birds Profile

漢字名	小啄木鳥
科名	キツツキ科
大きさ	15cm
時期	1年中

山だけでなく公園や学校など木が多いところにいます。日本のキツツキの中では一番小さくてスズメサイズ。木の幹や枝にへばりつくようにして移動します。背中の模様が木の模様に紛れるので見失いやすいです。キツツキの仲間は、ほとんどが〇〇ゲラと名前にゲラが付きます。

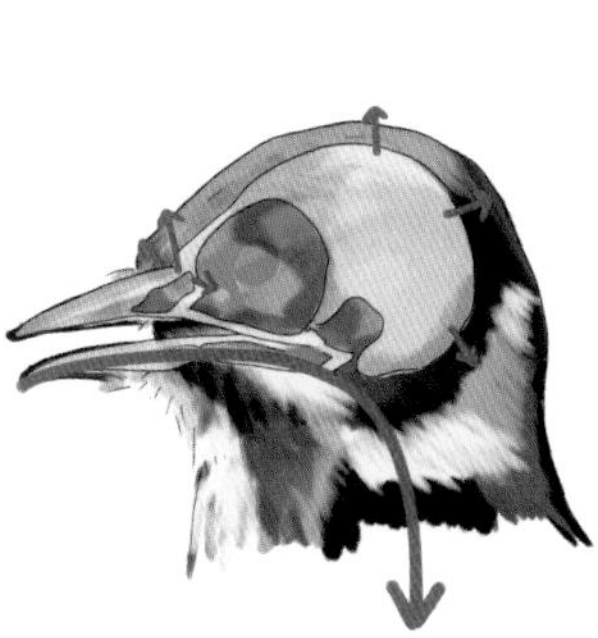

受けた衝撃は分散するようになっています

大好きな木の実をコツコツと…

ヤマガラ

器用なヤマガラ

秋の雑木林を歩いていたときのこと。コツコツと音が聞こえてきたので、音の正体を探ってみるとヤマガラがくちばしでエゴノキの実をつついている音でした。

ヤマガラは「器用な鳥」として紹介されることが多い鳥です。イラストのように足で実を押さえてつつく作業は誰でもできることではありません。モズは足で押さえる代わりに、獲物を枝に刺して固定してから食べていますし、カワセミは捕まえた魚を丸飲みで、せいぜい枝などにぶっ叩いて柔らかくしてから飲み込むくらいです。細い枝の上で、バランスをとりながら叩き割るといった作業ができるのは、器用なヤマガラだからできることなのだそうです。

将来に備えて コツコツと…

人間が将来に備えて貯金をするように、ヤマガラもせっせと貯めこみます。もちろんお金ではなく食料です。これを貯食といいます。ヤマガラは「あとで食べよう」と、木の実を土の中に埋めますが、もし、その冬がエサの豊富な年であれば埋めた木の実を掘り返す必要はありません。木の実の中には植物の種子がありますから、植物側から見ればラッキー！ ヤマガラのおかげで自分の子孫を広げることに成功です。

Birds Profile

漢字名	山雀
科名	シジュウカラ科
大きさ	14cm
時期	1年中

山や平地の林、公園でも見られます。ゴーゴーゴーと濁った声が特徴的。クリーム色の顔に黒い頭、お腹はオレンジ色。シジュウカラが黒いネクタイなら、ヤマガラは黒の蝶ネクタイをしているようです。人に慣れやすいので、芸を覚えさせて縁日で披露することも昔はあったそうです。

さえずり方で独身とわかってしまう

ホオジロ

あいつは彼女持ち？

ホオジロは木のてっぺんでさえずってくれるので、観察しやすい鳥です。見た目はちょっとスズメに似ているかもしれませんが、ホオジロのほうが大きいですし、ほっぺの黒い部分も形が違うのですぐにわかると思います。

せっかくわかりやすいところで鳴いてくれているので、よく見てみましょう。もし、真上を向いて鳴いていたら、それはきっと独身で婚活真っ最中のオスです。一方、パートナーを見つけてつがいとなったオスは横を向いてチーチョロロと鳴いています。心なしか声のボリュームも小さめです。やっぱり余裕なのでしょうか…。

レパートリーは10曲以上

鳥のさえずりを人の言葉に置き換えて覚えやすくしたのを聞きなしといいます。ホオジロの聞きなしは「一筆啓上つかまつり候」と紹介されますが、いまいちその通りには聞こえません。それもそのはず、オスの持ち歌は10曲以上もあるといわれています。なので、この聞きなしどおりに聞こえる歌もあれば「イッピツ！」で済んでしまう潔い歌もあったりします。

ちなみに1曲をじっくり何度も歌いたいタイプのようで、多いと同じ曲を100回以上も繰り返すそうです。ホオジロと一緒にカラオケに行くのは危険です。

Birds Profile

漢字名	頬白
科名	ホオジロ科
大きさ	17cm
時期	1年中

草原、農耕地、河原など開けた場所で見られます。秋にもさえずることがあり、それを「うかれ歌」といいます。ついつい浮かれて歌い出すといわれていて好きなエピソードだったのですが、最近の研究では翌春のナワバリやパートナー獲得のための大切な準備だとわかったそうです。

アオジ

冬はコソコソ、夏はイケイケ

春になると性格が一変!?

関東平野のど真ん中に住むボクにとっては冬に出会う鳥です。出会うといっても、姿を見ることはなかなか難しくて、やぶの中からツッツッと声がするので存在がわかる程度です。ちょっと粘って観察すれば地面に降りてエサを探している姿が見られますが、基本的にコソコソしている印象の鳥です。

ところが、暖かくなると様子が変わります。春夏は標高の高いところや北日本に移動し、なんということでしょう、あんなに引っ込み思案だったアオジくんが、木のてっぺんに立ってさえずり出しちゃうのです！　しかもなかなかの癒し系ボイスです。恋のためには大胆になっちゃうアオジくんです。

青くないアオジ

青信号は緑色なのに「アオ」と呼ぶように、アオジは頭が緑色なのでアオジと名前がつきました。しかし、ぱっと見の印象ではお腹の黄色のほうが目立ちます。アオだけど、頭は緑色で、体は黄色。あぁ〜ややこしい！　では、アオジの「ジ」は何かと言いますと、ホオジロをシトドと呼ぶことがあって「アオいシトド」が略されてアオジとなりました。ちなみに鳥の名づけのパターンとしては、本当の青色はルリと表されることが多いです。

Birds Profile

漢字名	青鵐
科名	ホオジロ科
大きさ	16cm
時期	1年中

オスは黒いサングラスをかけているかのように目の周りが黒いです。冬の公園を歩いていると、やぶの中からツッツッと鳴き声が聞こえてきます。エサは虫や草の種子などを食べています。さえずりはチッチョンツピーチロロとのんびりとした感じ。

鳴き続ける秘訣は0.03秒の息継ぎ

ヒバリ

大空に響く鳴き声

上空からピーチクリピーチクリと大きな声が聞こえてきたら、きっとヒバリの声でしょう。彼らは空の同じあたりを飛びながらさえずります。ちょっと彼らの歌に耳を傾けてみましょう。

おや？　おやや？　息継ぎしてる？　と心配になるほど長く鳴き続けています。ノリにノってると20分は余裕だそうです。もちろん、その間には息継ぎをしているのですが、0・03秒という一瞬です。人間も歌いながら0・03秒で息継ぎができるのだろうか？　と、さっき試してみました。…ムセました。やめておきましょう。鳥は鳥。人間は人間。構造が違うのです。

気嚢の機能がすごい

では、どのように構造が違うのでしょうか。肺のしくみが全然違います。鳥は気嚢という空気を溜めておく袋があり、種類にもよりますが9つも体内にあるそうです（イラストはかなり簡略化しています）。気嚢のおかげで空気の在庫は十分ですから、効率よく酸素を取り入れることができます。これは、恐竜の時代に身につけた呼吸システム。当時は地球上の酸素が今と比べて半分だったので、すごい気嚢の機能を作り出したのです。

Birds Profile

漢字名	雲雀
科名	ヒバリ科
大きさ	17cm
時期	1年中

農耕地、草原、グラウンドなどで見られます。空高く飛びながらさえずるので、見えたとしても肉眼では点にしか見えません。春のはじめは上空でさえずりますが、しばらく経つと地上でさえずります。地上に巣を作るので、あまり追いかけ回すとかわいそうなのでほどほどに。

これは簡略化した気嚢のイメージ

見られたらラッキーな赤い鳥

ベニマシコ

迷惑者も役立っている

セイタカアワダチソウ。繁殖力が旺盛な植物なので、ご存じの方も多いと思います。秋になると河原や道路の脇などで黄色い花を咲かせます。外来種ということもあって迷惑者にされてしまうのですが、この花は多くの昆虫の蜜源となっています。また、花が終わるとふわふわの綿毛がついた種子ができます。そこにやってくるのがベニマシコです。

ベニマシコは種子が大好き。セイタカアワダチソウやヨモギといった綿毛がついた種子をもりもり小さな口で食べます。綿毛を食べてのどが詰まらないのか心配したのですが、どうやらちゃんと種子の部分だけを食べているようです。種子を食べる鳥は、植物にとっては子孫を食べられてしまうので迷惑だと思いますが、この場合はセイタカアワダチソウの繁殖抑制に一役買ってくれているのかもしれません。

なかなかいない赤い鳥

日本では青い鳥は意外と多いのですが、赤い鳥はあまりいません。ベニマシコはほぼ全国に分布しているので、珍しいながらも見られるチャンスがある鳥です。

ほとんどの地域で見られるのは冬。この時期の色は、どちらかというとイチゴミルク。夏になると赤い色はさらに赤くなるといいますが、その姿は北海道や青森へ行かないと見られません。

Birds Profile

漢字名	紅猿子
科名	アトリ科
大きさ	15cm
時期	11月～3月

小さなくちばしがチャームポイント。赤い色が目立つオスに対し、メスは全身茶色のシンプルコーデです。マシコは漢字で猿子。顔が赤いのでサルみたいだからついたそうですが、顔立ちもどことなくサルっぽい気がします。ピッ、ピッポッと鳴きます。

にじみ出るジャイアンらしさ

シメ

植物にとっては天敵？

シメのくちばしは太くがっちりしています。このくちばしは、植物の種子を食べる鳥に多い形で、硬く小さい種子を潰して食べています。これは、植物視点では困った話です。植物は歩けませんから種子を遠くに飛ばして子孫をより遠くに広げようとします。バリボリ割って食べられてしまうと発芽は期待できません。

また、エサ場から相手を蹴散らすくらい気性の荒い鳥です。ほかの鳥と仲良くしてくれるようなかわいげがあればまだよかったのですが、そんな様子は微塵もありません。見た目も行動も性格も、ジャイアンっぽさがにじみ出ています。

Birds Profile

漢字名	鴲
科名	アトリ科
大きさ	18cm
時期	11月〜3月

山や公園の林で見ることができます。ピチッという鳴き声が特徴的。決して派手な色ではないのですが、グラデーションが美しいです。大きなくちばしを支えるため頭が大きい上に、体も太めで、ずんぐりむっくりした印象のシルエット。木の枝先や地上で種子をついばむ姿を見かけます。

せんべいは余裕の噛む力

硬い種子も潰してしまうシメの噛む力はどのくらいでしょうか？　噛む力というのはkgで表すそうで、たとえばせんべいを食べる場合、10kgほどの噛む力が必要なのだそうです。シメの噛む力は30kgですので、せんべいは余裕ですね。30kg必要な食べ物はフランスパンです。人間にとってもなかなか手強いフランスパンなのに、たった50gの鳥にそんな力があるなんて、シメの噛む力恐るべし！

くちばしの個性を見てみよう

Column

鳥には手がありません。エサを捕まえて、飲み込むまでの作業を口だけで行います。なので、くちばしは、その鳥の食生活に合った形をしています。肉食には肉食の、草食には草食の形があるので、ここではくちばしの形に注目してみましょう。

ザ・肉食

オオタカは小動物を狩って食べますので、肉を切り裂きやすいように尖ったくちばしになっています。この形は肉食の鳥に共通していて、ハヤブサもモズも同じです。実は尖っているのは先端の部分だけじゃなくて、側面のところにも小さな突起があるんです。細かいですがイラストでも表現しているので見てみてください。これも肉を引き裂きやすくする工夫です。

魚

魚を専門に食べる鳥たちは、魚をついばみやすくするため長細いくちばしを持ってる点で共通しています。サギやカワウのくちばしの側面にはギザギザがあって、それが滑り止めになってしっかりくわえることができるそうです。

穀物

では草食代表スズメに登場してもらいましょう。だいぶ分厚いくちばしを持っています。彼らの主食は植物の種子。基本的にはカチカチに硬いので、それを砕き割るためにはこのくらい太いくちばしじゃないといけないのです。

水草

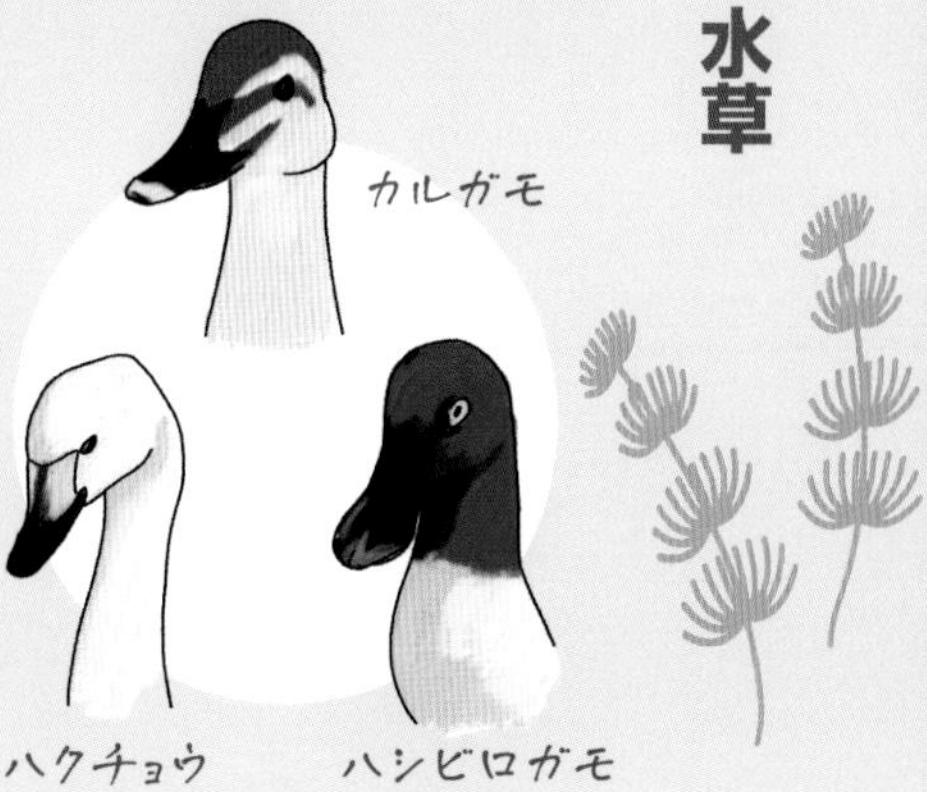

カモたちは平べったい形のくちばしです。しゃもじのような形をしていますが、側面にはギザギザがあって、草や藻をしっかりはさめます。カルガモはドングリのような丸くて滑りそうなものも器用につまんで食べています。

名前はシロハラ腹は白くない

シロハラ

名前とは裏腹

シロハラをはじめて見たときは背中側からだったので、白い腹は見られませんでした。2回目に見たときは薄暗い林の中だったので、暗くて腹が影になっていて、よくわかりませんでした。3度目の正直でシロハラを見たときは、ばっちり正面からだったし、陽の光も当たって明るい。これで白い腹が見られるはず！　と、そこで現実を知りました。シロハラの腹は白くないと…。正直言って薄いグレーです。「シロハラって名前だけど、言うほど腹が白くないのがシロハラです」が紹介するときの決まり文句です。

遠慮会釈もないエサ探し

冬の林の中を歩いていると、急に枯葉が動いてびっくりすることがあります。局所的に風が吹いたかのように枯葉が吹き上がるのです。これをやっているのがシロハラだったりします。葉っぱに隠れている虫やミミズを探しているのです。なかなか豪快に撒き散らしてくれていて、それじゃあエサに逃げられるのではとも思いますし、外敵にも見つかりやすいのでは？　と心配になります。でも、あそこまで散らかせば、もはや楽しいだろうなとも思います。

Birds Profile

漢字名	白腹
科名	ヒタキ科
大きさ	24cm
時期	11月～5月

雑木林や公園の林の中でも薄暗く、枯葉が溜まっている場所で見られます。頭は灰色で、背中はオリーブ色、お腹は薄グレーとかなり地味め。メスはお腹が白いので、ちゃんとシロハラです。大きめな声でキャキャキャキャと鳴いていたり、枯葉をガサゴソしている音が発見の手掛かりに。

ツグミ

どうして地中に隠れているミミズがわかる？

ツグミの視点なら見えるの？

ツンとくちばしを上げ、胸を張って立っていたかと思えば、テケテケ〜と前傾姿勢で歩き出し、突然ストップ。まるで、だるまさんが転んだをやっているように見えますが、もちろん遊んでいるわけではなくエサを探しています。

ツグミの大好物はミミズです。でも、どうやって地面の中に隠れている彼らを見つけることができるのでしょうか？　人間は地面からかなり高いところから眺めているのでミミズの存在は、なかなかわかりませんが、ツグミは地上20㎝もない距離から、目と耳と全神経を尖らせて探しています。もしかすると人間も地面に寝そべってじっとしていれば何か生きものの存在に気づけるのかもしれません。

Birds Profile

漢字名	鶫
科名	ヒタキ科
大きさ	24cm
時期	11月〜5月

11月に渡ってきた頃は、木になっている実を中心に食べるので存在に気づきにくいです。冬が深まり樹上のエサが少なくなると公園の芝生などに降りて地上でエサを探し始めます。観察しやすくなるのはこの頃から。キィキィ、キュキュと鳴きます。

春までに増量　みかんSからMサイズへ

みかんを買うとき、SサイズかMサイズの違いは大きいなといつも思います。Sは甘そうだけど食べ応え的にはMにしたい。味を取るか量を取るか。毎冬の葛藤です。ちょうどそんな重さを行き来しているのがツグミです。秋に日本へ渡ってきた頃は75g（みかんSサイズ）です。それから果実やミミズなどをたくさん食べて、春になって北へ戻る頃には100g（みかんMサイズ）になっています。

みかんSサイズ（右）から
Mサイズ（左）に増量

トラツグミ

フリフリダンスでミミズをゲット

想像してみようミミズライフ

　もし生まれ変わるなら、ボクはミミズは避けたいですね。かなり厳しい暮らしだと思うんですよ、ミミズライフ。

　まずモグラの存在が怖い。どこから襲ってくるかは、地中なので見えませんから、モグラが穴を掘るときに出す振動を感じて、ミミズは逃げるんだそうです。全身に響く恐怖の振動。命からがら逃げ出した先が、うっかり地上だったりすると、待ってましたと鳥に食われてしまいます。ほんと落ち着く間のない暮らしだろうなと想像します。

　トラツグミはそれを知っているのでしょうか。１羽でモグラの役もやる鳥です。まず、地上で上下に全身を振ってフリフリとダンスをします。その動きは、人間目線ではかわいらしくおもしろいのですが、生きた心地がしないのはミミズです。ダンスの揺れが地中に響きます。すっかりモグラと勘違いしたミミズは避難を開始します。しかし、うかつに動いたことでトラツグミに存在を気づかれてしまい、パクっと食べられてしまうのです。

　いかがでしょうか、ミミズライフ。厳しいですね。だからといってトラツグミライフも、ミミズを生で丸飲みですからね。人間で良かったって改めて思います。

Birds Profile

漢字名	虎鶫
科名	ヒタキ科
大きさ	30cm
時期	1年中

あまり姿を現さない上に、虎のような模様が保護色となって見つけにくいので、見つけられたらラッキーな鳥です。見るなら冬がおすすめ。薄暗い林の地面でエサを探しています。鳴き声はヒィーと暗く、しかも夜に鳴くので薄気味悪いです。はじめて聞いたときは背筋がゾッとしました。

声も目元も存在感を放つ鳥

ガビチョウ

聞き慣れないこの声は？

ほかの鳥のさえずりをかき消すくらいの主張激しめ声が聞こえてきて「あれ？　こんな鳥いたっけ？」と、ある日突然思うのも無理はありません。近年になって分布を広げている鳥でガビチョウといいます。飼育されていたものが野生化したといわれています。

クレオパトラ風メイク

ガビチョウの声が聞こえたら姿を探してみましょう。実はあまり開けたところでは鳴かない鳥で、やぶの中で鳴いていることが多いです。一度見たらインパクト大なのが目の周りのアイライン。クレオパトラのように後ろに大きく伸びる白い線。これが名前の由来になっています。

ガビチョウの出身は中国。中国では画眉《ホアメイ》と呼ばれています。まるで眉毛をかいたような目元だからこの字が当てられているのでしょう。日本ではこの漢字を日本語読みし、ガビ＋鳥のチョウをつけてガビチョウとなったそうです。

ものまね上手に騙された

ガビチョウはものまねが上手な鳥としても知られています。ボクは一度サンコウチョウの鳴き真似をされて、てっきり本物だと思って舞い上がった記憶があります。こんなところにもサンコウチョウが来るんだ～！　と喜んで探していたら、同じ方向からガビチョウの声が聞こえてきて、騙されたと気づき、がっくり肩を落とした思い出があります。

Birds Profile

漢字名	画眉鳥
科名	チメドリ科
大きさ	25cm
時期	1年中

全身茶色で特徴は薄いものの、目を見れば一発でわかります。鳴き声もかなり大きく個性的なので、見分けで間違えることはあまりなさそうです。あとはガチョーンと言い間違えなければ大丈夫。ガチョーンがわからない人は昭和の人に聞いてみましょう。

カケスの森づくり活動

カケス

ドングリ大好き

　ドングリって、ついつい拾ってしまいませんか？　拾い始めると止まらなくて、袋いっぱいになってしまいます。並べたり、投げたり、クラフトにしたり、秋ならではの遊びをボクは子どもたちと楽しんでいます。

　さて、カケスもドングリが好きな鳥です。彼らの場合は遊ばずに食べるのですが、食べきれない分は貯めておくようです。このとき、土の中に隠すこともあります。カケスがうまいこと忘れてくれれば、ドングリとしてはラッキー！　そこから新たな命を芽生えさせることができます。もしかしたら、カケスが作った森が近くにあるかもしれません。

カケスの物忘れ

　では隠したドングリをどのくらい覚えているのでしょうか？　ほとんど忘れてくれていればおもしろいのですが、実は逆です。めちゃめちゃ覚えてます。なんと4000カ所に隠したドングリを全部覚えているといいます！

　ということは森づくりには役立ってないの？　と思ってしまいますが、覚えていても全部食べるとは限りません。たとえば春が早くきて虫などの栄養豊富なエサが増えてきたら、ドングリは要らなくなるので放置されます。そこから木が育っていくのです。

Birds Profile

漢字名	懸巣
科名	カラス科
大きさ	33cm
時期	1年中

夏は山地の森にいるのでなかなか出会えませんが、冬になると公園の林にもやってきます。もちろんドングリの木のある場所に来ます。カラスの仲間だからか、ジェーと鳴く声の感じが、どことなくカラスっぽいです。ちなみに英語名は、鳴き声そのままのJay（ジェイ）です。

自分で育てないのも大変なのよ

カッコウ

子育ては完全外注

カッコウは自分で巣を作ったり卵を温めたりはせず、ほかの鳥の巣に卵を産み落とし、子育て全てを外注しています。これを托卵といいます。托卵すると1個卵が増えちゃうので1個取り除くという念の入れようで、なかなかイメージが悪いのですが、そんな暮らしは気苦労が絶えないようです。

入念な下調べ

子育てを請け負う鳥を宿主と呼びます。その宿主の巣に卵を産み落とすのは難しい仕事です。相手の産卵状況に、自分の産卵を上手に合わせないといけません。タイミングが合わなかったからといって、出そうになってた卵を引っ込められませんので、状況把握はとても大切です。そのため、たくさんの巣を念入りに調べつつ、自分のコンディションを合わせる必要があります。

不安定な受け入れ態勢

江戸時代から戦前までは宿主の多くはホオジロでした。しかし、ホオジロに見破られるようになってしまい、オナガに鞍替えしました。しかし、そのオナガも見破れるようになり、また次の宿主を探さないといけなくなっています。

このようにして数十年単位で宿主が変わっていて、受け入れ態勢は常に不安定なのです。カッコウの気苦労おわかりいただけたでしょうか。

Birds Profile

漢字名	郭公
科名	カッコウ科
大きさ	35cm
時期	5月〜9月

高原の観光地に行くと頻繁に声が聞こえてきます。灰色の頭に、胸には横縞のラインが入っていて、タカに似せているといいます。また、メスはピピピピと鳴くことがあり、これもタカの声に似せているのだそうです。宿主は、カッコウに近づかれるとタカと勘違いし警戒します。

昔の日本人に好かれた鳥

ホトトギス

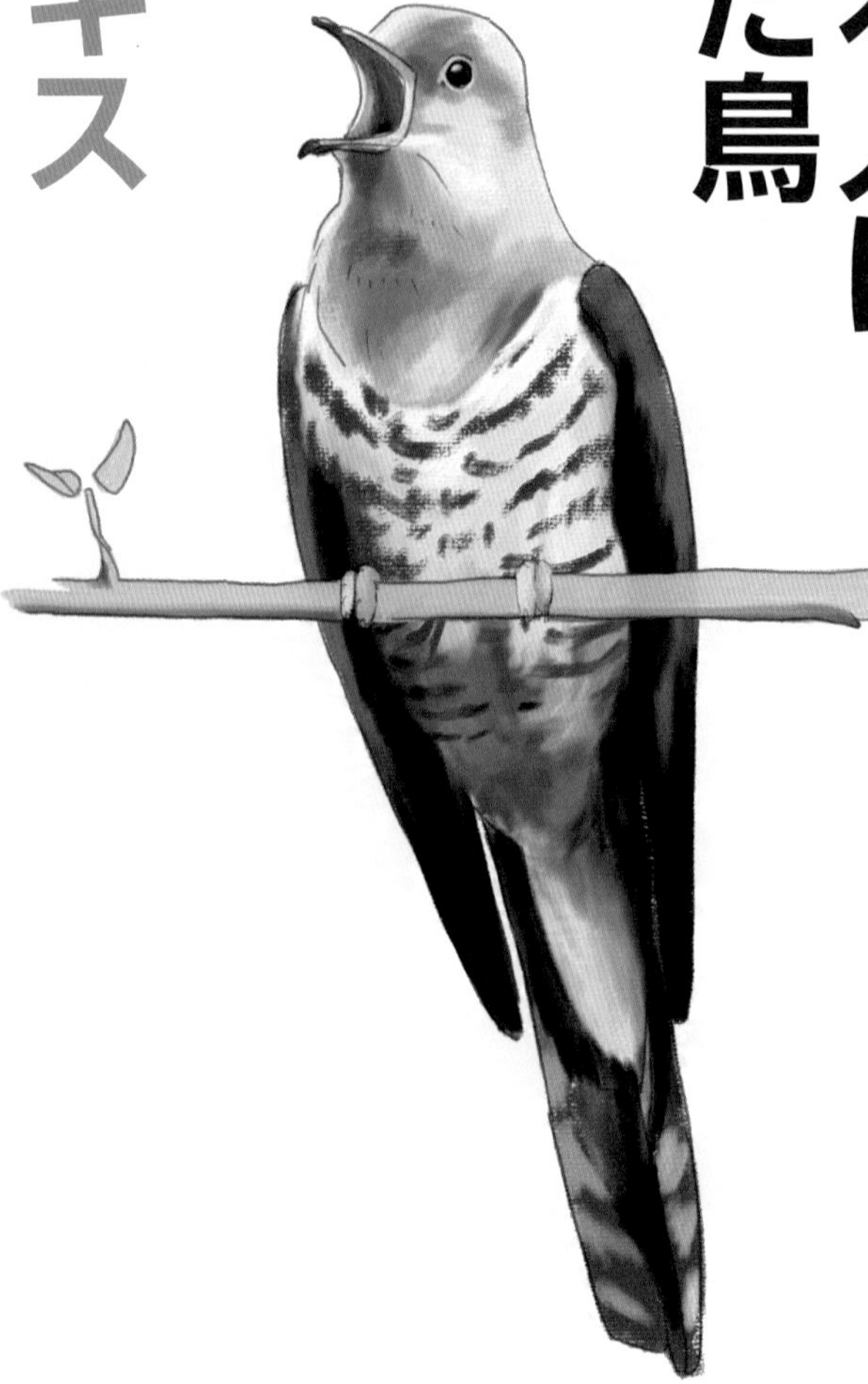

初夏の訪れを告げる鳥

ホトトギスの鳴き声をすぐにわかる人は少ないと思います。キョキョキョカキョと鳴き、キョキョキョキョ…を繰り返しながら尻下がりに小声になっていく、すこし物悲しい雰囲気の声です。決してホーホケキョ！　のような陽気な感じではありませんが、なぜか昔の日本人に人気でして、万葉集に登場する鳥の中で一番多いのがホトトギスなのです。初夏の訪れを告げる鳥として詠まれていたようです。

洗練された騙しの技術

ホトトギスも托卵をする習性があり、その関係性は万葉集に詠まれています。ということは、少なくとも1200年前から続いている関係だとわかります。

ホトトギスの卵はウグイスの卵にそっくりで、ウグイスの厳しい鑑識の目をすり抜けています。またウグイスの1回目の子育てでは托卵をせず、ちゃんと子孫を残してもらいます。狙うのは2回目以降。こうすることで宿主を絶滅には追い込まず、持続的に育ての親として働いてもらっているようです。数十年おきに宿主を変えているカッコウに比べると、ホトトギスはだいぶ洗練された技を持っていますね。

Birds Profile

漢字名	杜鵑
科名	カッコウ科
大きさ	28cm
時期	5月～9月

ホトトギスも見た目をタカに似せています。怖がって巣を留守にした隙に卵を産みつける作戦です。暑いけどエアコンを使うほどではない初夏の日に、窓を開けていると鳴き声が聞こえてきたりします。飛びながら鳴くことが多く、姿を見るのはなかなか難しいです。

国鳥は美味しい

キジ

春にケンケーン！　と鳴き声が遠くから聞こえてくることがあります。声の主はキジです。キジは日本の国鳥に選ばれていて、その選考基準がおもしろいので紹介します。

①国内どこにでもいる

え、キジってどこにでもいるの？と思った方もいるかもしれません。はい、結構どこにでもいます。ちょっと緑の多い環境であればみなさんのお家の近くにもきっといると思います。そのくらい身近で日本全国に生息している上に、日本にしかいない固有種ということも選定のポイントとなりました。

②古事記、日本書紀から桃太郎まで幅広い出演歴

キジは昔から数々の作品に出演してきました。古くは古事記や日本書紀に登場していますし、誰もが知っている「桃太郎」にも、主人公を支える重要な役割で登場。そういった知名度の高さも国鳥としてふさわしいと評価されたようです。

Birds Profile

漢字名	雉
科名	キジ科
大きさ	♂81cm　♀58cm
時期	1年中

農耕地、雑木林、河川敷などに広く生息します。田んぼのあぜにいたり、道路を横切ったり、体が大きいので見つけやすいです。オスはなかなか派手な色をしています。体は緑色ですが、頭は紫から青など複雑な色をしている上に、顔は真っ赤。翼も尾羽も美しい模様をしています。

③食べても美味しい

って、食べちゃうんかい！　と突っ込みたくなりますが、はい。食べても美味しいのが評価ポイントだったそうです。実際、狩猟が盛んだった昔を知るおじいちゃんに「ありゃ、うまいぞ〜」と聞くこともあります。

コジュケイ

ちょっと来い、とうのにすぐ逃げる

派手な姿なのに見つからない理由

ガビチョウと同じくらい主張の強い鳴き声。その鳴き声が「ちょっと来い」と聞きなしされます。せっかく「ちょっと来い」と言ってくれているので探してみても、なかなか見つかりません。

普段は薄暗い林の地面を歩き回っていて、警戒心も強いためすぐに隠れてしまいます。なかなか派手な姿をしていますが、地面の上だとわかりにくく、ちゃんと保護色になっているのがわかります。

モノマネされやすい?

ほかの鳥の鳴き声を真似するものまね鳥のレパートリーを調べていたら、コジュケイの「ちょっと来い」が多くの鳥に真似されているのがわかりました。キビタキ、ガビチョウ、オオルリ、カケス、モズなどが真似するようです。

鳴き真似の理由は諸説あって「複雑に鳴けるとモテる」とか「自分より強いやつの真似をして身を守る」「仲間を装って油断させて狩る」といったものがあります。

ここからはボクの妄想ですが、野鳥たちの中では金八先生の「なんですかぁ」に近いモノマネテッパンネタで、単なる飲み会の一発芸的なものだったらおもしろいのにと思って、いつもこの声を聞いています。

Birds Profile

漢字名	小綬鶏
科名	キジ科
大きさ	27〜30cm
時期	1年中

中国原産の鳥で、狩猟のために連れて来られて日本で野生化しました。見た目の通りずんぐりなのであまり飛びません。地上で種子や昆虫などを探して食べています。お肉はクセが少なく美味しいそうです。大きさはドバトくらい。

本家

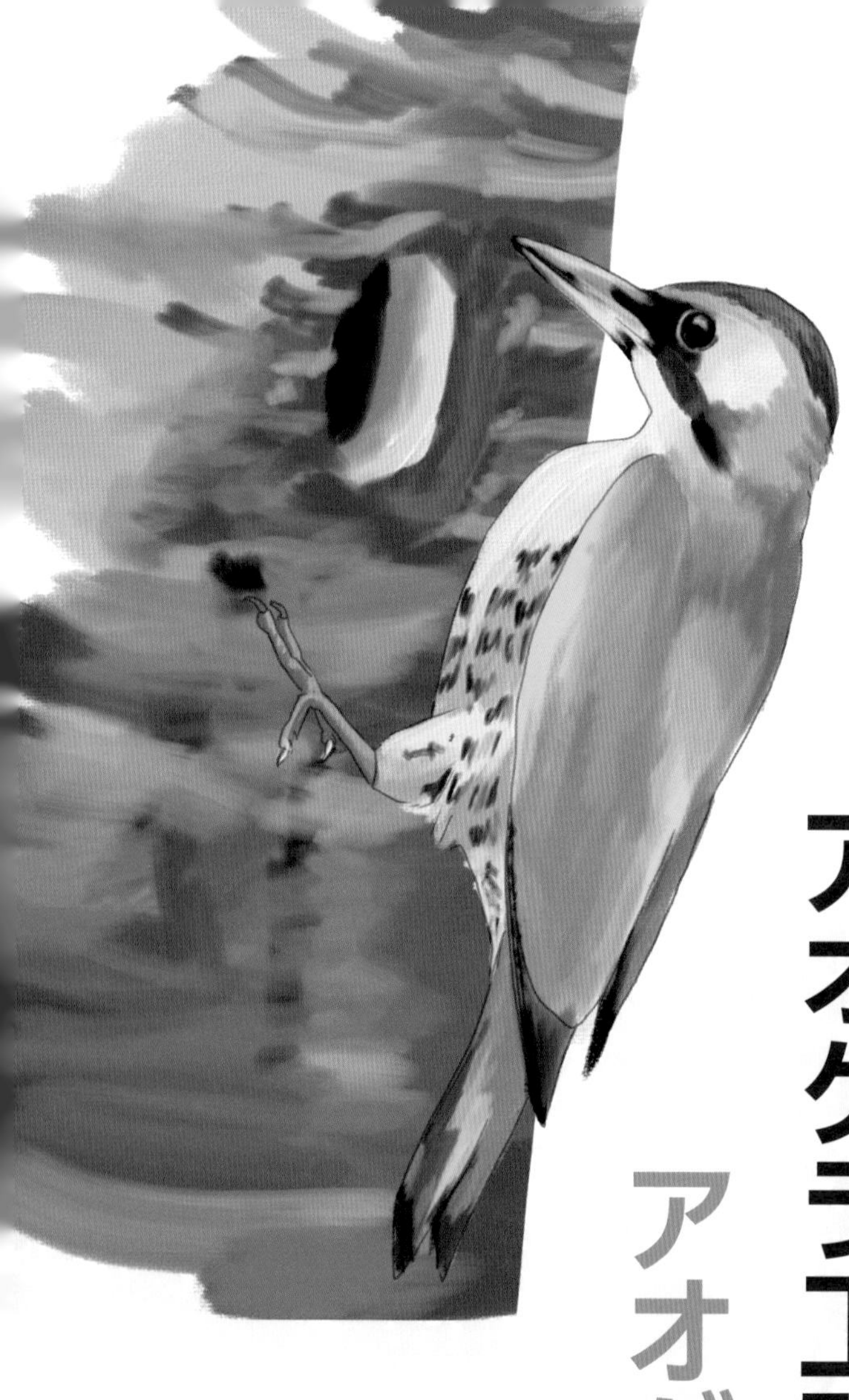

新築おまかせ
アオゲラ工務店

アオゲラ

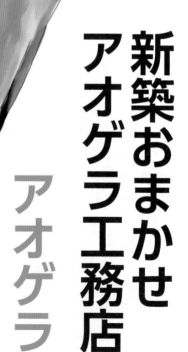

アオゲラの技術力

木の穴を巣にする生きものはたくさんいますが、自分で穴を掘って新築できるのはキツツキぐらいです。アオゲラもそんなキツツキの仲間です。コゲラは体が小さく掘る力も弱いので、柔らかくなった枯れ木を使うことが多いのですが、体の大きなアオゲラは硬い生木を掘ることができます。生木のほうが頑丈なので子育て中に崩れる心配もありません。安心施工のアオゲラ工務店です。新築物件の工期は1～2週間。くちばしだけで完成させるパワーと技術には驚かされます。

早く中古にならないかな～

アオゲラは毎年、子育てのたびに巣を新築します。だから毎年増える中古物件は森の仲間たちにとって、とてもありがたい存在です。というのも、中古を利用するシジュウカラ、ヤマガラ、ムクドリ、フクロウ類といった鳥たちは、自分の力で穴を掘ることができません。だからアオゲラ工務店が巣作りをやめてしまうとたくさんの生きものたちが住宅難になってしまうのです。ちなみに、ムササビやモモンガなどの哺乳類もアオゲラ工務店の利用者です。

Birds Profile

漢字名	緑啄木鳥
科名	キツツキ科
大きさ	29cm
時期	1年中

平地から山のよく茂った林に生息します。徐々に数を増やしているようで、公園などでも見る機会があります。名前はアオですが、実際は緑色の羽。ピョーと大きな鳴き声なので存在にすぐ気づきます。日本にしかいない固有種なので、見つけたらちょっと自慢できる鳥です。

空きありませんか？

暗闇でもよーく見えてるよ アオバズク

首を回すことと目の関係

ニワトリは暗いところでよく見えないと聞きますので、鳥はみんなそうなのかと思ったら、大多数の鳥は暗闇でも効く目をもっているそうです。たとえばアオバズクは夜行性ですので、むしろ暗闇に適応した目です。弱い光をたくさん受けられるように大きな目になっています。

　ただこの目玉は人間のようには動かせません。右を見たければ顔ごと向く必要があります。何か物を確認するときも首を傾げたり、いろいろ動かして確認をします。あと有名なところでは首がぐるっと後ろまで回ります。さすがに360度は無理ですけど270度くらいはいけるそうです。

獲物を捕らえる名人

　アオバズクは主に昆虫などを食べます。雑木林でカブトムシの頭だけが落ちていたりしますが、その犯人はアオバズクかもしれません。

　また、夕暮れの林の中からセミのジジジジ！という断末魔だけが聞こえることもあります。アオバズクは音を立てずに獲物を捕らえる名人ですので、聞こえてくるのは獲物の声だけ。暑い夏のちょっと涼しくなる瞬間です。

Birds Profile

漢字名	青葉木菟
科名	フクロウ科
大きさ	29cm
時期	5月〜9月

ズクはフクロウという意味。5月の青葉の季節に渡ってくるフクロウなのでアオバズクといいます。神社などにある大きな木に巣を作りますので、意外と近いところに住んでいるかもしれません。ただ最近はそのような木も減っていて住宅難のようです。鳴き声はホーホーと高い声。

チョウゲンボウ

おしっこが
反射して
よーく
見えておるぞ

鳥が見ている世界

チョウゲンボウはネズミのおしっこの跡が見えているそうです。ネズミのおしっこは紫外線を反射するので、チョウゲンボウは空からそれを見て捕まえているというのです。えっと、いろいろ説明が必要かと思います。まず、鳥類は紫外線が見えます。人間以上にカラフルな世界を見ているので、ネズミのおしっこの跡は道のようになっていて、はっきりと見えているようです。

そしてまさか、おしっこが反射して見えているなんて、びっくりしているのはネズミでしょう。ネズミは哺乳類なので人間と同じく紫外線は見えません。

人間の私たちも笑っていられません。たとえば肉や魚は紫外線を反射するので、ゴミ袋に入っていてもカラスに丸見えだそうです。こんな感じで、人間が必死に隠していることが実は鳥には丸見えだったりするかもしれません。

まるでドローン

ある日、畑の上空で空中に浮いている謎の物体を見つけました。たまに動くようだけど、ほとんど止まっています。ドローンかな？と思ったのですが双眼鏡で見てみたらチョウゲンボウでした。上空でホバリングしながら、じっくり獲物に標準を合わせているのでしょう。

Birds Profile

漢字名	長元坊
科名	ハヤブサ科
大きさ	33〜39cm
時期	1年中

平野部の草地や農耕地に生息します。もともと崖や岩場で繁殖していましたが、鉄橋などの隙間も利用するようになり都市部にも進出しています。ハヤブサの仲間です。ハヤブサは海岸に行かないとなかなか出会えませんが、チョウゲンボウは田畑にいますので出会いやすいです。

草刈りお願いしますね〜

サシバ

サシバと人の関係

サシバは「里山のタカ」と呼ばれ農耕地に多く生息しています。里山に多い理由を3つ挙げるなら「電柱、エサ、草刈り」でしょう。

まず電柱。サシバはよく電柱に止まっています。高いところから見渡してエサを探しているのです。

そして彼らのエサは、カエルやトカゲです。里山にはいっぱいいますが、隠れるのが上手なのでなかなか見つけられません。とある生きものの力を借りないといけないわけです。それは人間です。

サシバは草丈20㎝を超える場所ではあまり狩りをしないそうです。獲物が見えにくいからでしょう。

ところが、夏の里山では毎日どこかで草刈りがされています。サシバからしたら「見えやすくしてくれてありがとう〜」って感じでしょうね。

一度は参加したいツアー

サシバは渡りをするタカです。冬はフィリピンや台湾で過ごし、夏に日本で子育てをします。ツバメと一緒ですね。秋の渡りのときに群れになって移動するのですが、上昇気流に乗った群れが柱のように見えることからタカ柱と呼ばれています。それは圧巻の光景でツアーが開催されているほどです。

Birds Profile

漢字名	差羽
科名	タカ科
大きさ	47〜51cm
時期	3月〜10月

全身茶色で、のどに縦に黒い線が入ります。タカの仲間は見た目で見分けるのが難しいのでピックイーという鳴き声を覚えるのがおすすめです。漢字では差し歯ではなく差羽。一直線に飛ぶ様子からこの名前になったのだとか。

オオタカ

日本を代表するタカはどこにいる

都会でも出会える

大空を飛び、果敢に獲物を捉え、力強さと美しさ、そして気品をも備えた、もっともタカらしいタカ、日本を代表するタカ、それがオオタカです。そんなタカの王者が、そのへんの公園にいます。本当です。

一時期、絶滅が心配されるほど数が減っていましたが、近年になって都市環境でも繁殖できるようになりました。ボクは東京の小石川植物園で声を聞いたことがありますし、皇居や明治神宮でも繁殖が確認されています。今では、ちょっと気にかければ出会える鳥になっています。

ほかの鳥たちも認める絶対王者

オオタカの格の違いは、ほかの鳥たちの行動でよくわかります。オオタカが出現すると、森の中でシジュウカラやヒヨドリなどが大声で警戒の鳴き声をあげます。かなりの騒ぎなので、鳥の言葉がわからなくても「やばそう」とわかるくらいの反応です。

一方で何かとタカの中でも格下に位置づけられがちなトビの場合はどうでしょうか？　ピーヒョロロ～。と鳴いても先ほどのような騒ぎにはなりません。「よゆー」と聞こえてきそうなぐらいです。鳥たちの反応でもオオタカの絶対王者感がわかります。

Birds Profile

漢字名	蒼鷹
科名	タカ科
大きさ	50～59cm
時期	1年中

平地から山地の林に生息し、ハトやカモを獲って食べています。公園の林などで鳥の羽の残骸が見つかることがありますが、犯人はオオタカかもしれません。ケッケッケッケと鳴く声は、時代劇などでやばいシーンの効果音に使われているので、覚えておくと音の演出でも楽しめます。

Column

どのお肉が好き？

タカは肉食ですが、お肉だったらなんでも食べるわけではありません。タカの種類によって好みが分かれます。これらのタカは同じような環境に暮らしているので、食の好みをちょっと変えることで、真っ向勝負にならないようにしているのでしょう。ちなみに、ここで紹介しているのはあくまで傾向で、オオタカがネズミを食べることもあります。

ドバト
元は伝書鳩やレース用のハトでした。都会の公園でのんびり暮らしていると思ったら、タカに狙われている日々だったとは…

スズメ
人間の暮らしている近くにいるのが好きな鳥です。

ネズミ
畑で人間の作物をちょいといただきながら生活しています。地域によっては冬でも繁殖できるのが、ほかのお肉たちとの違い。

カエル
田んぼのような浅い水辺で暮らしています。

人の暮らし、タカの暮らし

タカの獲物になっているお肉たちの生態に注目してみると、彼らの暮らしには人間が大きく関わっていることがわかります。もし人間の田畑の使い方が変われば、そこに暮らしていたネズミやカエルの数にも影響が出てくるはずです。そして、その影響はノスリ、サシバにも広がるでしょう。

オオタカ
王者が狙うのは大きめの獲物。公園にたくさんいるハトがピッタリ。

オオタカは
ハトだ！

ツミ
小型のタカで、大きさはオオタカの半分ほどです。なので狙う獲物も小さくて良いので、スズメがお気に入り。

ツミは
スズメだ！

ノスリ
開けた農地の高いところから獲物であるネズミなどを探し捕えます。

ノスリは
ネズミだ！

サシバ
この中では主に両生類、爬虫類を狙うタイプです。

サシバは
カエルだ！

野山の鳥

国立競技場でも席が足らない

アトリ

まるで煙のような群れ

アトリは群れで行動する鳥です。集まる鳥だから、あつどり、あつとり、あとり、になったのだとか。年によって群れの大きさは変わりますが、当たり年には万レベルになります。あまりの数に煙のように見えるのだそうです。

過去の国内の記録では10〜20万羽の群れが確認されたといいます。たとえば彼らを新国立競技場に招待した場合、収容キャパは8万席なので、全員分のシートが用意できないほどの数です。

群れる良さは？

しかし、どうして彼らは群れるのでしょうか。群れることで、目の数が増えるので敵の存在に早く気がつけるとか、エサを簡単に探せるといったメリットがあります。

また、敵から狙われる確率も少なくなります。タカが襲ってくるとしたら、1羽でいると「自分だけ」が狙われますが、大群の中にいれば「この中の誰か」が狙われることになります。しかも大群の中の1羽にターゲットを絞りたいタカに対し、群れの中で全員がごちゃごちゃ動けば、目標を定めにくくなります。そうして大群の力で敵を巻き、犠牲者を出さずに済めば「ああ、群れててよかった」となりますね。

Birds Profile

漢字名	花鶏
科名	アトリ科
大きさ	16cm
時期	11月～4月

平地や山地の林、農耕地などで見られます。煙のような大群がやってくるのは滅多にありませんが、少ない群れであれば毎年見られます。地上に降りて植物の種子や昆虫などを探している様子が見られると思います。白、オレンジ色、黒のコントラストが美しい鳥です。

子育て中でも夫婦の時間って大切だよね

イカル

オスもメスもさえずります

なかなかイカツイ見た目ですが、イカルはラブラブな夫婦です。

ある日、森の中で2羽のイカルが鳴いているのが聞こえました。ふつうに考えると、大きな声で鳴くのはオスなので、オス同士のナワバリ争いの可能性が高いのですが、実はイカルはメスもさえずります。どうやらイカル夫婦の日常会話の中に出くわしてしまったようでした。

イカル夫婦は一緒に行動するのが基本。メスが卵を温めている間、お腹がすけば「ちょっと食事に行こう」と歌ってオスをデートに誘うのだそうです。オスも歌って誘いに応じます。どうやら「ねえ、どこ行く?」とデートの計画を立てている最中だったようです。

実は少ない黄色いくちばし

イカルのくちばしは黄色です。鳥なんだもん、くちばしは黄色いでしょう? と思うかもしれませんが、案外黄色いくちばしの鳥って少ないんですよ。スズメも、カラスも、シジュウカラも黄色くないでしょう? 鳥の絵を描くときに、無意識にくちばしを黄色で塗ってしまいがちですが、灰色や黒で塗ると「おぬし、なかなか通だな」と思ってもらえるかも?

Birds Profile

漢字名	鵤
科名	アトリ科
大きさ	23cm
時期	1年中

灰色の体に真っ黒の顔、そして黄色い大きなくちばし。ムクドリぐらいの大きさです。春夏は木のてっぺんのほうにいるため、なかなか目視が難しいですが、キーコーキーという鳴き声がよく通るので存在がわかります。冬になれば地面まで降りてくるので観察がしやすくなります。

ウソじゃありません。ホントにウソです。

ウソ

ややこしいですが…

ウソみたいな名前なのですが、ホントにウソです。正式名称がウソという鳥です。名前の由来は嘘つきの嘘ではなく、フィフィという鳴き声が口笛のようだから、口笛を意味する古語のオソからきているそうです。

Birds Profile

漢字名	鷽
科名	アトリ科
大きさ	16cm
時期	11月〜3月

ころっとした体型で、オスはほおとのどがピンク色。短く太い口で種子などを食べます。雑食性で昆虫も食べます。春にはサクラの花芽を食べてしまうので、迷惑者扱いされてしまうことも。ただ全滅させるほどは食べないのでご安心ください。

くちばしが短いランキング

ウソの顔を見ていて、ちょっと明らかにくちばしが短いなと思ったんです。なので調べてみました。くちばしの短い鳥ランキング！

ダントツで短いのが7㎜でエナガです。横幅も狭く、まさにおちょぼ口といった感じ。やっぱりキュートですね。8㎜がツバメとベニマシコ。ツバメは大きく開く口をしているのであまり短い感じがしませんが、改めて横から見てみると確かに出っ張っている部分は短いですね。そして9㎜がルリビタキ、10㎜だったのがジョウビタキとウソでした。この6種がくちばしが1㎝以下の鳥になります。

ウソは一番短いとまではいきませんが、日本で見られる鳥の中で上位に入る「鼻ぺちゃ」ならぬ「口ぺちゃ？」な鳥だとわかりました。

（今回この本で紹介した種の中だけで調べましたので、ご了承ください。）

来日公演はお見逃しなく サンコウチョウ

一度は会いたい憧れの鳥

ひとたび出会うと、このブルーのアイリングにすっかり魅了されてしまいます。青い羽の鳥はほかにもいますが、目の周りとくちばしが青い鳥は珍しいです。

サンコウチョウのオスは、長い尾羽を持っているのも特徴的。長いものだと30㎝もあるといいます。長い尾をひらりひらりとたなびかせながら飛ぶ様子も美しく、エキゾチックです。

冬は南国に住んでいて、夏になると繁殖のために日本へやってきます。国内に居ながらにして、南国ムードを漂わせる鳥が来てくれるなんて、海外バレエ団の来日公演みたいだなと思って、お得な気分で見てしまいます。

尾羽は日本のどこかに落ちている

さて、この尾羽。春に渡ってくるときにはすでに長くなっているのですが、秋に南国へ帰るときには短くなっています。つまり、日本のどこかに落ちているってことになります。30㎝もある尾羽だから、かなり目立つはずです。ぜひとも見つけたいと思って探しているのですが、なかなか見つからないですし、見つけたという話も聞きません。

Birds Profile

漢字名	三光鳥
科名	カササギヒタキ科
大きさ	♂45cm　♀18cm
時期	5月〜9月

鳴き声は「月、日、星、ホイホイホイ」と聞こえることから、3つの光で三光鳥。すばらしいネーミングです。薄暗い杉林にいることが多いため、実際見られたとしても影が動いているようにしか見られませんが、目の周りの青いリングだけは目立っています。

日本に来るとき

日本から帰るとき

オオルリ

ユニット掛け持ちアイドル

見た目よし歌ってよし

オオルリは見た目よし、歌ってよしのアイドルみたいな鳥で、とにかく引っ張りだこ。ユニットをいくつも掛け持ちしているので紹介しますね。

「瑠璃三鳥」は、日本で出会える青い鳥の中でも名前に「ルリ」が入る3羽で結成したグループ。コルリ、ルリビタキがメンバーです。

オオルリは歌声も美しいことで人気です。そんな、歌の上手い鳥たちで「三鳴鳥」というユニットも組んでいます。コマドリ、ウグイスが入っています。

会いに行けるアイドル

見た目が良くて、歌も上手いけど、なかなか会えないなら熱も冷めてしまいますが、そのへんの戦略が上手です。ゴールデンウィークの頃はなんと市街地の公園まで来てくれるサービスっぷり。そして、夏はあまり険しい山に入らなくてもハイキングついでに見ることができます。まさに、「会いに行けるアイドル」なんです。そんなこともあって「この夏会いたい三大夏鳥」といった感じで特集を組まれることもありますし、キビタキ、サンコウチョウと一緒に本になっています。

Birds Profile

漢字名	大瑠璃
科名	ヒタキ科
大きさ	16cm
時期	5月〜9月

低山の渓流沿いの林の梢などでさえずります。オスは頭から背中にかけて青く、顔から胸が黒、腹は白とコントラストがきれい。せっかくの青い羽ですが、光の加減によっては黒っぽくしか見えないことも。フィリーリーとフルートのような声で鳴き、歌のバリエーションが豊富。

よく食べると黄色が鮮やかになる キビタキ

ゆで卵みたいな黄色

キロリッポピピリッと軽快な歌声は、どんな蒸し暑い森の中であっても涼しげに感じさせてくれます。名前の通り黄色い色をしていて、はじめて見たときはあまりの鮮やかさにびっくりしました。ボクが今まで見た中では、高価な卵で作ったゆで卵が一番近い色です。やはり卵と同じで、栄養の良いエサを食べていると色鮮やかになるのだそうです。ナワバリ内に良質なエサが豊富にあるのでしょう。一方、しょぼいナワバリを持ってしまうと、なかなか良いエサにありつけないので黄色がくすんでしまうそうです。

怒らせると怖いぞ

なので、日本に渡ってきたら少しでも良いナワバリを確保するのがオスの重要任務。けっこう激しく戦います。

ある日、やぶの中からブーーン！って音が聞こえてきました。「やばっ、スズメバチの巣に近づいちゃったか!?」と身構えたんですが、ハチにしては音量が大きいし、違和感があったので見てみたらキビタキのオスたちのナワバリ争いでした。警戒音で「ブーーン！」という音を発しながら、相手を追いかけまわし、それでも決着がつかないと、取っ組み合いになることだってあります。

Birds Profile

漢字名	黄鶲
科名	ヒタキ科
大きさ	14cm
時期	5月～10月

5月の連休頃に渡ってきて、樹木の多い市街地の公園でも見ることができます。ちょっと薄暗い林の中、木のてっぺんでも根元でもなく中ほどにいるので、運が良ければ枝に止まってさえずる姿が見られます。モノマネが上手で「ツクツクオーシ！」とツクツクボウシの鳴き真似もします。

ルリビタキ ケンカのルール

相手の色で戦い方を変えましょう

　ルリビタキは青色が美しく人気のある鳥ですが、オスには青色とオリーブ色がいます。若いオスはオリーブ色。3年以上のベテランが青です。この色の違いはナワバリ争い時のケンカの仕方に表れるそうです。

　オス同士のケンカは、威嚇、追いかけ、つつき合いとエスカレートしていきます。力関係が明らかな青対オリーブのような場面では、つつき合いのような身体接触にはならず、追いかけ程度で済みます。ケンカが激しくなるのは同じ色同士の場合だそうです。同級生とはケンカするけど、上級生とはやめておこう、みたいな感じでしょうか。

ジョウビタキとの序列

　〇〇ビタキはナワバリ意識が強い種類が多いようで、ジョウビタキもキビタキもナワバリ獲得のために、激しく争います。そして、ルリビタキもなかなかの頑張り屋さんです。越冬時期はジョウビタキと生息環境がかぶるため、ジョウビタキと争いになることもあるそうです。ただ力関係ではジョウビタキのほうが上で、ジョウビタキの中で一番劣勢にあるメスにもルリビタキは負けてしまうそうです。

Birds Profile

漢字名	瑠璃鶲
科名	ヒタキ科
大きさ	14cm
時期	10月～4月

夏は標高の高いところにいて、冬になると平地林や公園に降りてきます。ジョウビタキに比べてやや暗い環境が好きなようです。人の目線ほどの枝や杭にとまって、地面にいる昆虫や種子を探し、食べています。身近に出会える青い鳥なので、人気があります。

日本最小のタカはハトサイズ

ツミ

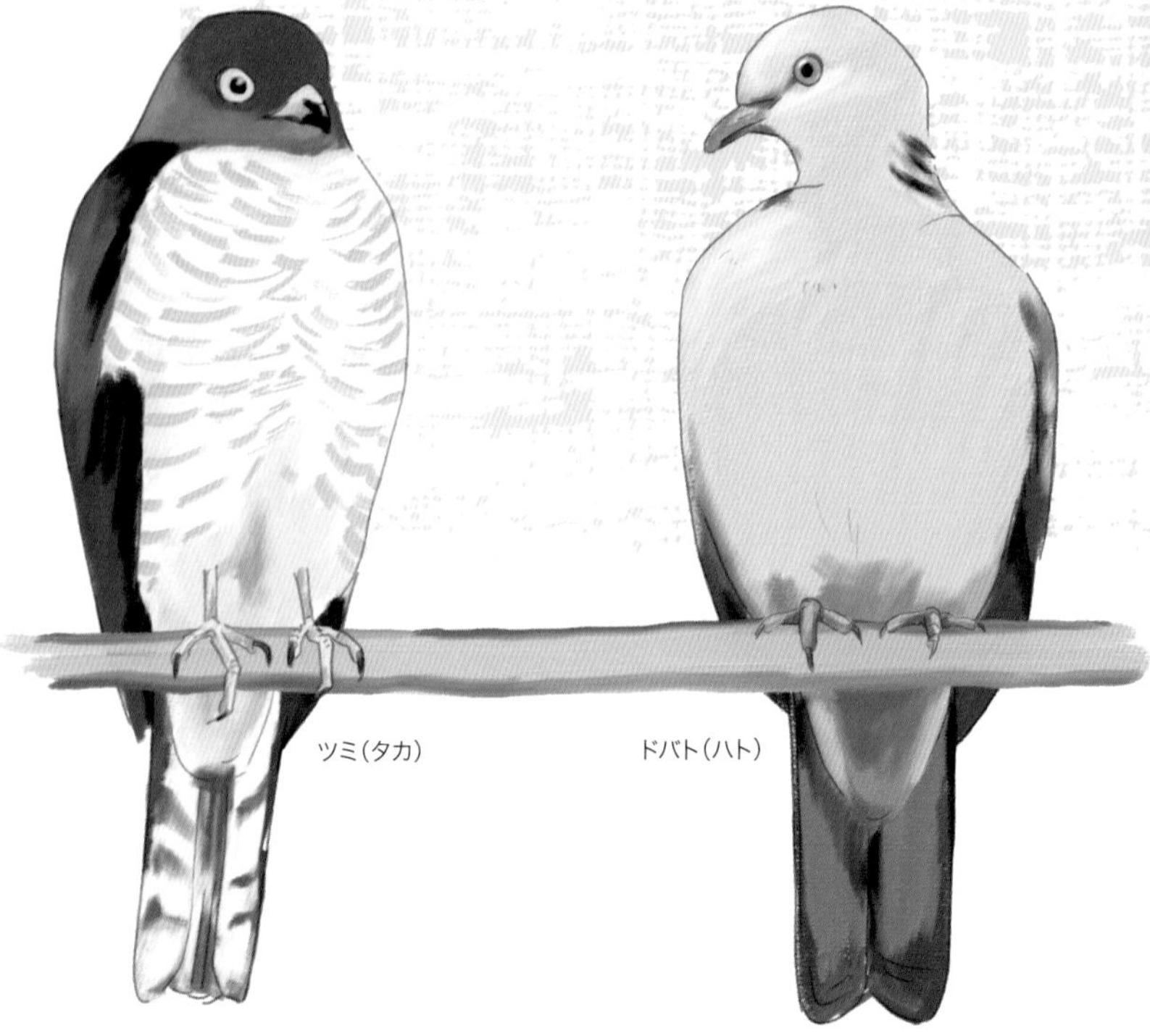

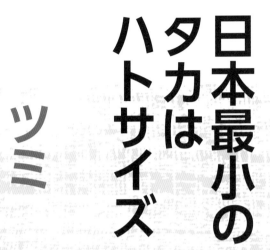

気づいていないだけかもしれません

ツミはタカの仲間で、スズメを主に狩って食べています。なので在庫が豊富な市街地でも暮らせるようになりました。「でも、そんなタカうちの周りにいないよ〜?」と不思議に思う人も多いと思いますが、もしかすると見過ごしているだけかもしれません。

みなさんにとって一番身近なタカはトビだと思うのですが、あの大きさを想像していませんか? 実は、ツミはかなり小型で30㎝程度。ハトぐらいの大きさです。

ツミに罪はない

ツミは小さいとはいえ勇猛なので、体格面では不利でもカラスを追い払います。オナガは「これは使える!」と思ったのでしょう。ツミのご近所に巣を作り、ボディガードとして利用することにしました。オナガはカラスに巣を襲われることがあり困っていたのです。

ところが、最近事情が変わってきました。ツミが以前ほどカラスを追い払わなくなり、オナガの期待ほどの働きをしてくれなくなったのです。「まったく期待外れですよ」とオナガが言ってるかはわかりませんが、勝手に頼りにされたりして、ツミのお気持ちお察しします。

Birds Profile

漢字名	雀鷹
科名	タカ科
大きさ	27〜30cm
時期	1年中

オスよりメスのほうが大きく、メスはハトサイズ。オスはヒヨドリサイズです。日本で一番小さいタカといわれています。頭と頬、そして背中まで青っぽい黒色をしています。キョーキョキョキョ!と尻下がりで鳴くので、声を覚えれば出会える確率がアップしますよ。

暗闇でネズミのいる場所がわかるのはなぜ？

フクロウ

見えているのは暗視カメラの世界

フクロウは、どうして漆黒の森の中で動き回るネズミの居場所がわかるのでしょうか？　まず、光を感知するセンサーが違います。感度は人間の１００倍だそうです。

Birds Profile

漢字名	梟
科名	フクロウ科
大きさ	50cm
時期	1年中

深い森の中にいるイメージですが、大きな木のある神社やお寺など意外と近くにいたりします。昼間は動かないのと、木の幹の保護色になるため見つけるのが難しいですが「ゴロスケホッホ」と低い声で鳴くのを頼りに探せば出会えるかもしれません。

きっと、私たちが暗視カメラで見ているような映像が見えているのでしょう。

立体で見えている

多くの鳥は頭の側面に目玉がついています。人間だと、こめかみのあたりに目玉がある感じです。

でもフクロウの目は人間的で、顔の前に２つ並んでますね。これは立体視ができる目の並びです。立体視とは、奥行きがわかるということ。このおかげで、狙いを定めて獲物を捉えることができます。

音も立体で聞こえている

見た目ではわからないのですが、フクロウの耳の穴は左右でちょっとだけ高さが違っています。このズレのおかげで、耳に音が届くのにわずかな時間のズレができます。このズレを頼りに音の発生源が上下左右どこから来ているのかが正確にわかります。

このように目も耳も３Dで把握できるから、暗闇の中でもネズミの居場所がわかるのです。

赤い部分に耳があります

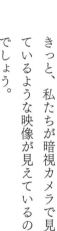

セグロセキレイ

ハクセキレイ

セグロセキレイ

コンビニ前のセキレイとどこが違う？

黒っぽいセキレイは珍しい

コンビニの前にいるお尻フリフリ君でしょ？　と思うかもしれないけど、ちょっと違います。あちらはハクセキレイ。こちらは黒っぽい色をしているセグロセキレイです。もちろん、セグロもお尻フリフリしていますが、見られたらちょっと嬉しいのはセグロのほうです。なんてったって日本と韓国の一部にしか生息していないので、世界的に見たら珍しい鳥なんです。ただ、セグロはコンビニ周りにはあまりいません。河原が好きなようです。簡単な見分け方はほっぺの色が白ければハクで、黒ければセグロです。

飛び方にも注目！

セキレイの仲間は、波を描くようにして飛びます。これを波状飛行と呼びます。そのまんまです。パタパタと羽ばたいて高度を上げたら、羽を閉じてスーッと滑空。そのままだと落ちちゃうので、また羽ばたいて…を繰り返す飛び方です。このほうが省エネなのだとか。自転車を全力で漕いで、漕ぐのをやめて惰性で進んで…みたいな感じですかね。逆に疲れる感じがしなくもないですが、人間にはわからないメリットがあるのかもしれません。いつかセキレイに聞いてみたいものです。

セグロセキレイの波状飛行

Birds Profile

漢字名	背黒鶺鴒
科名	セキレイ科
大きさ	21cm
時期	1年中

住宅街にも進出してきたハクセキレイに比べると、セグロセキレイがいるのはもっぱら河原です。石がごろごろしている場所を歩きながら地面近くの昆虫を食べていますが、飛んでいる虫をフライングキャッチするのも得意。鳴き声はジジッジジッと濁った声、ちなみにハクセキレイはチチッ。

白・黒・黄。キセキレイ。

Column

コンビニでよくみかけるセキレイ。実は身近なところに3種類もいるんです。見た目そのままで白、黒、黄の色が名前についていて、すっごくわかりやすいので紹介します。

ちなみにボクはセキレイの種類で、その場所の自然の豊かさの指標にしています。ハクセキレイはもはやどこにでもいるのでスズメみたいな立ち位置ですが、セグロセキレイがいると「お、このへんは川もあって、エサになる生きも

ハクセキレイ

これがコンビニで見るセキレイです。ほっぺが白ければハクセキレイ。見かけるほとんどのセキレイがコレだといってもいいかもしれません。

のもいろいろいるのかな？」と思いますし、キセキレイがいれば「ここは相当自然豊かな場所だ」って感じです。

キセキレイ

ちょっとレア度が増しますが、黄色いセキレイ。キセキレイです。お腹とお尻のあたりが黄色いのですぐにわかると思います。こちらも川が好きですが、セグロセキレイよりも川の上流、より自然の豊かな場所にいる印象です。

セグロセキレイ

こちらは川に行くと見かけます。一瞬見た感じだとハクセキレイそっくりですが、なんとなく黒っぽい。そう思ったらほっぺに注目してください。黒ければセグロセキレイです。

虫ではありません鳥の声です

オオヨシキリ

夏のはじめに聞こえてくる声

ギョギョシギョギョギョシと、ヨシ原でけたたましく聞こえる声。「虫ですか？」と思う人も少なくないですが、鳥の鳴き声です。オオヨシキリです。田植えが終わった頃に渡ってきて、オスがヨシ原でさえずり、メスはヨシ原の中で子育てをします。

植物のヨシに関連が深い鳥なので名前にヨシが入っています。ちなみに、ヨシ原とアシ原の違いはわかりますか？　実はどちらも同じ植物のこと。もともとはアシでしたが「悪しき」を連想させてイメージが悪いので「良し」になったそうです。

このために双眼鏡を買いました

バードウォッチングに双眼鏡は断然あったほうがいいですが、いいお値段がするので二の足を踏んでいる人も多いはず。ボクもそんな一人でしたが、オオヨシキリの口の中を見たくて買って大満足しています。オオヨシキリは「口の中が赤い」とよく紹介されるのですが、肉眼では全然わかりません。それが大枚はたいて買った双眼鏡のおかげでバッチリ確認できたときの感動はひとしおでした。今でもオオヨシキリの真っ赤な口の中を見ると「おお、赤い赤い。買ってよかった」と不思議な感想を漏らしています。

Birds Profile

漢字名	大葦切
科名	ヨシキリ科
大きさ	18cm
時期	5月～9月

薄い茶色でこれといった特徴のない見た目ですが、特徴的な鳴き方をしてくれるので気づけます。ソングポストというさえずるのにお気に入りの場所があり、そこを舞台に歌っています。さえずる時間にこだわりはないようで、夜中も鳴き始めたときはさすがにうるさかったです。

小さな鳥の大きな声

ミソサザイ

森の中に響く美声

実際に見ると「ちっちゃい！」と誰もが言うくらい小さな鳥です。名前の由来は、溝にいる些細な鳥からきているといわれています。溝とは谷筋の沢のことで、まさにそういった場所に生息しています。些細は取るに足らないという意味ではなく、細かなとか小さなといった意味。名前の通り日本で一番小さい鳥の1つです。体長は10㎝ほどですが、実物はもっと小さく見えます。

小さい上にすばしっこく、ちょこまかと動き回るのでなかなかじっくりと見ることができない鳥です。なので目視で確認するのは難しいのですが、声は存在感抜群です。チュリリチュリリと、こんな小さな体で、よくここまで大きな声が出せるなと思うほど、森の中に響き渡る美しいさえずりを聞かせてくれます。

そのほかの小さい鳥たち

日本で一番小さい鳥の1つと紹介しましたが、ほかにも体長10㎝前後の鳥がいますので、簡単に紹介します。国内最小と紹介されることが多いのはキクイタダキです。標高の高いところにいます。あたまのてっぺんが黄色い菊のよう。ヤブサメはシシシシと、かすかに聞こえるさえずりが特徴的。声は聞くけど姿はなかなか見られない鳥です。ヒガラはシジュウカラそっくりだけど、黒いネクタイはお腹まで伸びてません。

Birds Profile

漢字名	鷦鷯
科名	ミソサザイ科
大きさ	10cm
時期	1年中

ちょっと薄暗い林の渓流などにいて、冬場は平地の自然公園にもやってくることがあります。全身こげ茶色の本当に小さな鳥です。ちょこまかと地面を動き回り、昆虫などを探して食べています。短い尾を立てて鳴く姿がとてもかわいいです。

カワセミ

プロポーズは生のエビで

プロポーズのひと工夫

カワセミのオスはプロポーズのとき、メスにプレゼントをします。プレゼントはキラキラした石ではなく、生のエビです。生ザリガニのこともありますし、生魚だって喜ばれます。「おいらはこんなに狩りがうまいんだぞ」というアピールになります。

プレゼントの渡し方にも気をつかいましょう。魚はエラがあるのでひっかからないように頭を彼女のほうに出して「おいらと結婚してくれ」。こうすれば、彼女はスムーズに飲み込めますね。ザリガニの場合は気をつけましょう。頭を先にするとハサミが当たっちゃうので尾のほうを出して「アイラブユー」。

実はそんなところにも?

カワセミは清流にいるイメージがあるかもしれませんが、結構身近に飛んでいる鳥です。そのへんの用水路にもいたりします。環境改善によって川の水がきれいになって魚たちが戻ってきたので、身近で観察できる鳥になりました。また、お堀などに空いている排水パイプの穴が巣穴にちょうど良いようで、その穴をリフォームして使っているようです。

Birds Profile

漢字名	翡翠
科名	カワセミ科
大きさ	17cm
時期	1年中

頭から背中はキラキラの青で、お腹は鮮やかなオレンジ色。宝石のようで何度見ても嬉しくなる鳥です。水面ぎりぎりを一直線にスーッと飛んでいきます。キーッと自転車のブレーキみたいな声を出すので、声を頼りに探してみると遭遇率がアップすると思います。

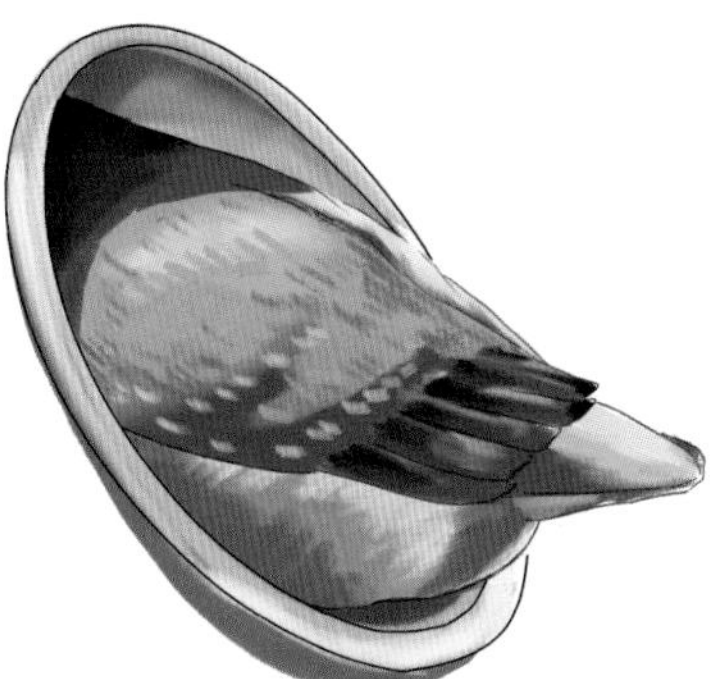

カイツブリ
池に浮かぶiPhone

カモではないと言われても

カイツブリは潜っては浮かんで、また潜ってと忙しい鳥です。池にいるひときわ小さな鳥で、カモのようですがカモではありません。じゃあ、何ですか？「カイツブリです。」「え、ああ…」と、紹介のときに微妙な空気を作り出してしまうのが、お決まりです。カイツブリという種類の鳥がいるんだなと思ってもらえればそれで良いのですが、カモとの違いをあげるなら足です。カモは水かきがあって指と指の間がつながっていますが、カイツブリは指が離れていて、かわりに弁膜という水かきがついています。

あと、巣の作り方も違っていて、カモは陸上に作りますが、カイツブリは水上です。

iPhoneと同じ重さ

よく見かける鳥ですので、もっと身近に感じてもらうために体重を体感してもらいたいと思います。カイツブリの体重は２００g前後。これは、iPhoneと同じくらいです。実際に眺めながらスマホを持って「このくらいの重さなんだな〜」と手で感じてみると、その鳥により近づけた気がしてきます。あ、池に落とさないようにしてくださいね。

Birds Profile

漢字名	鳰
科名	カイツブリ科
大きさ	26cm
時期	1年中

川や公園の池で見られる鳥です。潜水が得意でしょっちゅう水の中に潜っています。潜ったと思ったら、見当違いなところから出てくるので、なかなかじっくり観察できません。魚や貝を食べています。キュルルルルルと結構大きな声で鳴くので耳でも存在がわかります。

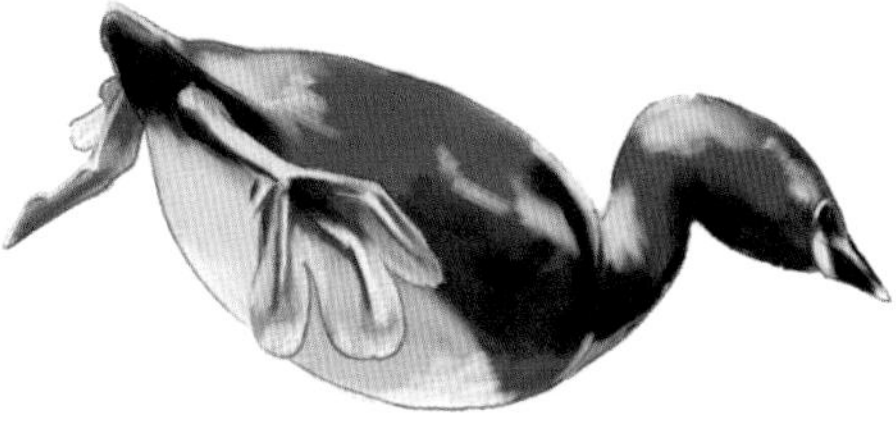

カルガモ

ようこそ
カモワールドへ

どれも似てますけれども

ここからカモが続きます。カモは体が大きく、池にぷかぷか浮かんでいてくれるので観察しやすい鳥です。国内でカモは40種以上見つかっていて、どれも丸っとしてて平べったいくちばしを持ったものばかり。

全部同じに見えてしまうかもしれませんが、なかなか姿が見られず声で覚えるしかないほかの鳥に比べたら、はるかに覚えやすいです。観察のポイントがわかると実は奥深い世界が広がっています。動きもコミカルなので、カモの世界は面白いですよ。

一番近くてベーシックなカモ

まず、一番おなじみのカモ。カルガモです。親子連れ立ってお引越しする姿が年に1回はニュースになりますが、あのカモがカルガモです。ほとんどのカモは夏場は北の涼しい地域へ行ってしまうので、夏も日本に留まって子育てをしているのは珍しいです。夏も留まるから夏留鴨と漢字で書くという説もあります。

陸が得意なカモ

危険が近づいた時のカモの逃げ方には2パターンがあります。飛んで逃げるか、水に潜るかです。カルガモは飛んで逃げます。水辺の鳥だけど陸が得意なタイプなのです。この違いがわかるだけでもカモの世界が面白くなります。では次のカモへ行きましょう。

Birds Profile

漢字名	軽鴨
科名	カモ科
大きさ	60cm
時期	1年中

公園の池や田んぼ、川にも生息し、とても身近なカモです。あの親子の行列のうちほとんどのヒナが命を落とし、1羽が大人になれるかなれないかという厳しい世界です。くちばしの先だけが黄色いのが特徴です。鳴き声はグェッグェッといかにもカモらしい声です。

アクティブなカモ

オナガガモ

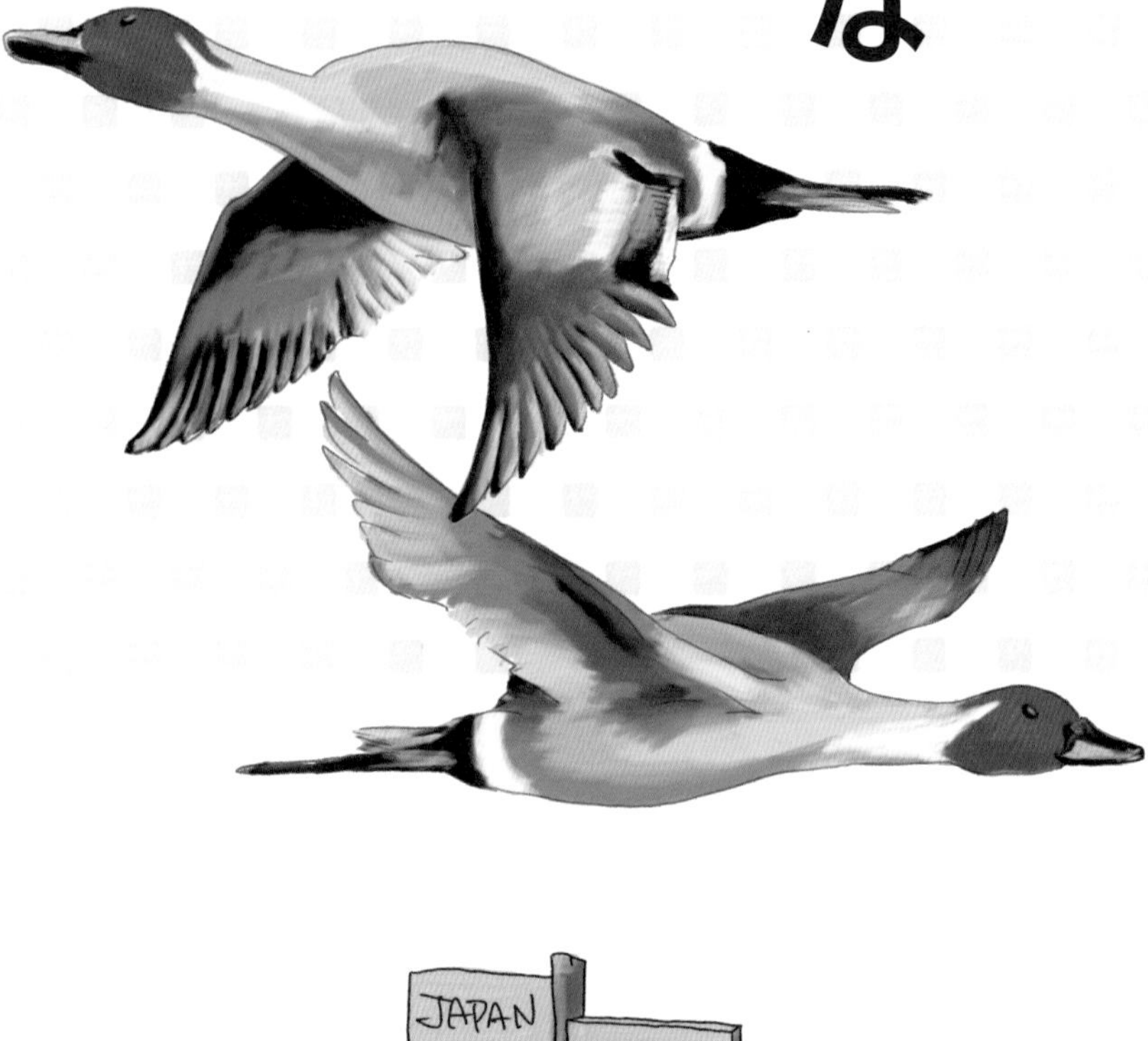

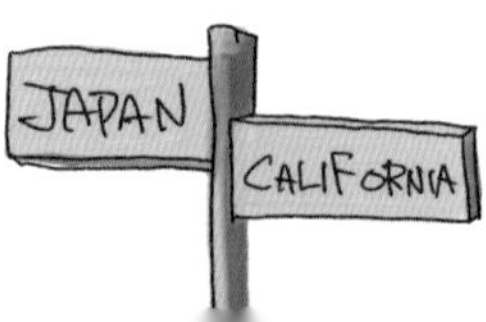

各地、各国を飛び回る

名前の通り、尾も長ければ、首も長いので、ほかのカモに比べてシュッとしたフォルムのオナガガモ。かなりアクティブなカモです。同じ池に毎日いるので固定メンバーに見えても、実は入れ替わっていて、なんと半径数十km単位で日々移動をしているんだそうです。

日本にいるときでこのアクティブさなので、渡りともなるともっとすごいです。片道1200kmあるカムチャッカ半島へノンストップで行ったという記録があります。1200kmは、身近なところで例えると青森と博多間がそのくらいです。

さらに越冬地の選び方もダイナミック。ある年は日本に来たとしても、翌年はカリフォルニアにしてみたりと、世界を股にかけて移動をしている鳥なのです。

よし、あとちょっとで届くぞ！の図

カルガモと同じで陸が得意なタイプです。水面に浮かびながら首を伸ばし、水草や池の底に沈んでいる種子を食べます。なので、おしりだけが浮かんでいるように見えます。「あともうちょいで届く」って感じで弾みをつけている様子を見られるときもあって、微笑ましい光景です。

Birds Profile

漢字名	尾長鴨
科名	カモ科
大きさ	♂75cm　♀53cm
時期	10月〜3月

公園の池でよく見られ、かなりの数の群れになることもあります。人にもよく慣れていて、むしろ近づいてくるほどです。鳴き声はプルップルッなど、よく鳴きます。オスには長い尾羽がありますが、秋に渡ってきたばかりのときは短く、春が近づくと長くなります。

カモが大根も背負ってくる？

マガモ

体重はどのくらい?

カモ料理といえば鴨南蛮。美味しいので大好きです。このお肉は合鴨が多く使われていると思いますが、合鴨はマガモとアヒルを交配させたものなので、その元となるマガモを見る目がちょっと変わってきちゃいます。うふふ。美味しいのかな。

実際マガモは法律に則れば、狩猟ＯＫの野鳥です。たとえ獲れたとしてもお肉が少なかったらがっかりですので、体重を調べました。マガモの体重は約1kg。おお、十分。ちょうど大根1本分と同じくらいだそうです。カモがネギを背負ってくるのもいいですけど、大根と一緒でも美味しそうなので背負ってきてもらいましょう。あれ? 話がおかしくなってきたので戻しますね。

チャームポイントをお見逃しなく

マガモのチャームポイントは断然くるりんカールした尾羽です。別に寝相が悪くて寝癖がついたとかではなく、マガモのオスなら尾羽はくるりんとなっています。このくるりん遺伝子は合鴨や、カルガモとの交雑種、通称マルガモにも受け継がれています。彼らのさりげないおしゃれに気づいてあげてくださいね。

Birds Profile

漢字名	真鴨
科名	カモ科
大きさ	60cm
時期	10月～3月

オスの頭は光沢のある緑色で、くちばしは黄色。首には白いネックレスをしています。頭の色から「あおくび」と呼ばれることもあるそうです。ここでも大根と共通点がありましたね。メスは茶色で、ほかの種類のカモのメスと区別がなかなかつきません。

金髪モヒカンの草食系男子

ヒドリガモ

どんなタイプ？

またカモかと思われるかもしれませんが、カモが続きます。これでも厳選したカモたちです。

ヒドリガモはマガモ、カルガモに比べると小柄なカモです。おでこの羽毛が金髪モヒカンでファンキーですが、もっぱら水草や藻を食べている草食系です。草が好きすぎて、養殖のノリをモリモリ食べてしまったり、陸上競技場までやってきて芝生を食べてしまったりして、関係者を困らせてしまうこともあるようです。草食系と聞くと物静かなタイプを想像するかもしれませんが、個人的にはなかなかがっついた印象のカモです。

鳥の体温40℃ 足先の温度5℃

カルガモ以外のカモを観察できる季節は冬です。いったい、カモたちは冷たい池に浮いていて足は冷たくないのでしょうか？ と心配していたら、ちゃんと冷たかったです。足先の温度は、なんと5℃！

全然ダメじゃん。と思うかもしれませんが、大丈夫。これで体温も5℃だったら死んじゃってますが、体温は40℃とぽっかぽか。彼らの寒さ対策として重要なのは体をしっかり温めておくこと。どうせ冷えてしまう足先は冷やしっぱなしにする作戦で寒さをしのいでいるようです。

Birds Profile

漢字名	緋鳥鴨
科名	カモ科
大きさ	45cm
時期	10月〜3月

オスの頭は赤っぽく、おでこから頭頂部まではクリーム色。池周辺の陸地を歩きながら草などを食べている風景を見かけます。ピューと高い声で鳴くのが特徴。オスメスともに頭を下げて一列になって泳いでいる姿を見かけたら、それは求愛行動です。

オスはプリケツで婚活

コガモ

婚活のダンスを見てみよう

コガモの婚活はダンスです。オスは首を高く上げたり伸ばしたりと型が決まっているようですが、クライマックスにはプリッとお尻を上げるポーズを決めます。するとすぐに「いかがでしょうか？」とメスのほうを向くので、その様子が健気でかわいいですよ。

ただ、このダンスはたったの2秒ほどで終わってしまうので、注意してみないと「なんか、もじもじしてるなあ～」といった感じにしか見えませんので、観察する側も集中力が必要です。

缶ジュースと同じ重さ

コガモはカルガモやマガモに比べると小さいので、何かのカモの子どもなのかな？と思ってしまいますが、これで立派な大人です。コガモという名前なのです。体重は３５０㎖の缶ジュースと同じ重さです。なかなかずっしりボディですね。

グェグェ鳴かない コガモはピリピリッ

同じ池にいるカモたちが「ガーガー、グェーグェー」鳴いているのに対し、コガモは「ピリピリッ」と笛のような高い声を出します。高い声のおかげか遠くまでよく音が届くので、姿が見えなくても「お、コガモがいるな！」とわかっちゃいます。

Birds Profile

漢字名	小鴨
科名	カモ科
大きさ	36cm
時期	10月～3月

名前の通り小さいタイプのカモです。オスの頭部は赤褐色。目の周りは黒く見えるけど、光の当たり方で緑や青紫に見えたりします。ちょっと警戒心が強いので池の端っこなどで草に隠れるようにしていることが多いです。

寝癖のカモは何を食べてる?

キンクロハジロ

キンクロハジロ

カルガモ

泳げるカモ

ここまで、あまり水に潜らないカモたちを紹介してきましたが、ついに潜れるカモの登場です。

キンクロハジロは貝や魚などを食べます。動かない草を食べているカモに対して、このタイプは自分で餌を探しに出かけないといけません。だから泳ぎやすくするために体型を変える必要があります。

カルガモは陸でも歩きやすいように、横から見ると体の真ん中あたりに足をつけています。キンクロハジロは陸よりも水中での暮らしを重視したので、足を後ろのほうにつけました。ボートのエンジンが後ろについているように、水の中でエサを追うにはこのほうがいいのです。食べ物の違いから、暮らしぶり、体型まで変わってくるのです。

寝癖がかわいい

後頭部に寝癖のような羽毛がぴょこんとはねているのがキンクロハジロのチャームポイントです。オスのほうが長く、寝癖というよりちょんまげやポニーテールのようですが、メスは短めなのでまさに寝癖っぽさがあります。

水から上がってきた直後は濡れてくっついて見えないこともあるのですが、水を切るために頭を振ると復活。その水しぶきがキラキラと光り、まるで青春ドラマのワンシーンのようです。

Birds Profile

漢字名	金黒羽白
科名	カモ科
大きさ	44cm
時期	10月〜3月

オスは目が金色、体は黒、翼は白。だから金黒羽白。ふつうに公園の池などで見られます。シジミなどを食べていて、丸ごと飲み込み、お腹の中で殻ごと砕いて消化するそうです。水に特化した暮らしなので、水の上で仰向けになって毛づくろいしている姿をよく見ます。

みそ汁で挑戦 カモスタイルの食事

ハシビロガモ

このくちばしでどう食べるの?

名前の通りくちばしが大きなカモです。こんな、しゃもじを2枚合わせたみたいなくちばしで、どうやって食事しているのか不思議じゃないですか? そもそも、鳥には歯がありません。だからもぐもぐと噛むことはせず、なんでも丸飲みです。

ハシビロガモは水面に浮いているプランクトンなどをくちばしでこしとって食べています。どんな感じか体感したい人は、あおさのみそ汁でトライ。みそ汁を口に含んだら、上下の歯をつけたまま、みそ汁の液体だけを歯とくちびるの間に移動させましょう。歯の内側にあおさが残ると思います。はい、これがカモの食事です。くちびるはないので水分は吐き出していますが、まあ、そんな感じです。実際にやるかやらないかは自己判断でお願いします。

エサの取り方にもひと工夫

何羽かのグループでぐるぐる回っている様子を見られることがあります。盆踊りとかキャンプファイヤーのマイムマイムみたいな感じです。これはみんなで回ることで水中に渦を発生させ、水底に沈んでいるプランクトンを浮き上がらせて食べているのだそうです。

Birds Profile

漢字名	嘴広鴨
科名	カモ科
大きさ	50cm
時期	10月~3月

オスの頭は光沢のある緑色。胸が白くてお腹のあたりが赤茶色。このコントラストがきれいです。メスはほかのカモのメスと同様に地味な色ですが、ちゃんとくちばしが幅広なのですぐにわかります。公園の池などで見られる身近なカモです。

本当の夫婦仲が気になります

オシドリ

仲がいいのか、悪いのか

仲睦まじいカップルをおしどり夫婦と呼ぶように、オシドリは一生添い遂げていそうなイメージがあります。しかし毎年ペアは解消されていて、全然「おしどり夫婦」じゃないというオチが、オシドリの解説ではテッパンでした。

ところが最近、6年間添い遂げていたつがいが記録され、中にはおしどりな夫婦もいることがわかってきました。こうなると「オシドリの夫婦は仲睦まじかったり、仲睦まじくなかったりする」となってしまいモヤモヤします。更なる研究が進んで、せめてどっちかに振り切れて欲しいものです。

Birds Profile

漢字名	鴛鴦
科名	カモ科
大きさ	45cm
時期	1年中

オスの豪華絢爛な羽ばかりが注目されますが、メスのシンプル美を追求したような美しい姿も素敵です。カモなので水辺にいることは多いけれど、巣は木のうろに作ります。また、ドングリが好きなために森の中にいたり、枝に止まっていたりと、陸上でも見るカモです。

オスの華麗な衣替え

オシドリのオスの羽の美しさにはうっとりします。鳥の多くはオスが派手な姿をしていて、メスは目立たない姿をしています。メスは子育てに専念するため、目立てば目立つほどリスクしかありません。一方でオスは、メスへのアピールのため、特に繁殖期は派手に着飾ります。でも、繁殖期が終われば衣替えをして、メスと同じような姿になるのがほとんどです。

繁殖期（冬）

非繁殖期（夏）

池にいるパンダ ミコアイサ

動きはパンダっぽくない

オスは全身真っ白で目の周りが黒。パンダの柄みたいなのでパンダガモと呼ばれて人気です。こんなカモがいるのは自然豊かな場所だけでしょう？　と思うかもしれませんが、案外近くにいると思いますよ。「お住まいの地名　ミコアイサ」で検索してみてください。きっと情報が見つかります。

近くにいても、なかなか見かけない理由としては、ミコアイサはせわしない鳥で、頻繁に潜っては出てきてを繰り返すので、水面に上がってきているタイミングを逃している可能性があります。本物のパンダはどっしり座ってササを食べていますが、こちらのパンダガモは真逆で、ちょこまかしている子なんです。

ハンタータイプのカモ

「アイサってなに？」と思う人も多いでしょう。〇〇アイサといったカモの種類が何種類かいます。このアイサたちは、魚やエビを食べることで共通しています。今までのカモたちに比べると、より水中を泳ぎますし、くちばしは細くスマートな形です。ハンタータイプのカモであることが外見からもわかります。

Birds Profile

漢字名	神子秋沙
科名	カモ科
大きさ	42cm
時期	11月〜3月

湖沼や池などにいます。白装束を着た巫女さんに似ているからミコの名前がついたそうです。遠くから見ると、白い羽が太陽光を反射して光って見えるくらいです。写真を撮ると白飛びしてしまうことも多々あります。メスの頭は赤茶色の刈り上げヘアー。

コハクチョウ

実は庶民派でした？

優雅なイメージの崩壊

ハクチョウといえばバレエの「白鳥の湖」を彷彿とさせ優雅な印象を抱いていましたが、そんなイメージがふっとんだ話を2つ紹介します。

まず、ハクチョウはカモです。分類上カモ科に属していて正真正銘のカモ。確かにカルガモを白くして、でかくすればハクチョウの完成と言ってもいいくらいカモの姿をしています。まさかそんな庶民派だったとは！　と驚きました。

また、食事の様子もなかなか優雅さとはほど遠く、真っ白な顔を泥だらけにしながら、ぺちゃぺちゃと音を立てて水草や植物の根っこを食べるのです。時には顔に藻を絡めたりもしていて「こ、こんなはずでは…」と思ってしまいました。

グレーの羽は新入生

ハクチョウ一家は仲良しです。池にいる群れをよく観察すると3～5羽くらいのグループになっています。グレーの色をしているのは幼鳥です。汚れているのではなく、大人になれば白くなります。幼鳥の大きさは親と同じくらいですが、まだまだ幼く両親に大切に守られている様子は、中学生や高校生の入学式を見ているみたいで微笑ましいです。

Birds Profile

漢字名	小白鳥
科名	カモ科
大きさ	120cm
時期	11月～3月

オスメスどちらも全身白い羽毛で覆われています。各地にハクチョウが集まる池があるので、場所は検索すればすぐに見つかります。餌やりはせず遠くから見守るだけにしましょう。人間の食べ物は高カロリー高脂質高塩分なので、あげると病気にさせてしまいます。

人慣れしまくりカモ4選

カモはそもそも体が大きいので双眼鏡なしでも観察しやすい鳥ですが、人に慣れてる種類は逆にグイグイ近づいてくるくらいです。ますます観察しやすいので、ボクの独断と偏見ですが人慣れしまくりのカモ4種を紹介します。

鳥にエサをあげないで！

人慣れしている背景に餌付けの影響があると思います。公園の池でパンをあげている人を見かけますが、バター、砂糖、食塩など野生の生きものは口にしないものがたくさん含まれています。あげるのはやめましょう。あと、感染症のリスクもあります。野生の生きものはどんなウイルスを持っているかわかりません。鳥とも適度な距離を持つのが良いと思います。

1. オナガガモ
オナガガモの群れに周囲を囲まれたことがあります。人間を気にすることなくドングリを食べていました。

2. カルガモ
人間がいてもさほど驚く様子もありません。寝ていたらちょっと目を開けて「あー、人間かぁ」といった様子。

3. ヒドリガモ
金髪モヒカン頭のヒドリガモ。「おーい、エサくれや」って感じで寄ってきて、もらえないとわかるとプイと踵を返し塩対応されたことがあります。

4. マガモ
この中では警戒心強めなほうだと思いますが、人間の手が届かないとわかっていれば、すぐ近くに人間が来てもたいして騒ぎ立てはしません。

千鳥足のチドリです

コチドリ

酔ったら真似できない千鳥足

チドリの仲間の多くは海にいますが、コチドリだけは内陸部の田畑でも見られる鳥です。千鳥足の由来になったように、ジグザグに歩いているように見えるのが特徴です。ただ実際見てみると、酔っ払いのようではありません。本家はちょこちょことかなり機敏に歩いていて、もしボクが酔っ払ってあんな歩き方したら確実に転びます。

演技力は任せて！

空き地や造成地の地面に、小石で浅い窪みを作ったものがコチドリの巣です。巣に近づいた外敵を遠ざけるため、ケガしたような演技をします。「ほら、わたしはケガをしていますよ。襲うなら、こっちのほうが簡単に捕まえられますよ」と、迫真の演技をします。

ボクは一度だけその場面に遭遇したことがあります。広大な空き地を歩いていたら、コチドリが現れて羽を広げたり上げたりして、ジタバタするんですね。「ケガしてるのかな？」と本当に思ってしまうほど。近づいてみるとピューンと飛んでいったので「なんだ、演技か」とわかりました。しかし、あとに残ったのは罪悪感。「あんな小さな鳥を脅かして怖い思いをさせてしまった」とヘコみながら、その場を後にしました…。

Birds Profile

漢字名	小千鳥
科名	チドリ科
大きさ	16cm
時期	5月～10月

チドリの仲間の中で日本最小。夏に日本へ渡ってくる夏鳥です。田んぼや川などで、歩きながら昆虫などを探して食べています。ピッピッと鳴きながら飛んでくるので、その声を頼りに探せば遭遇率がアップします。目の周りの黄色いアイリングが特徴です。

カモじゃありません
オオバン

足のひれが特徴

池ではほかのカモたちに混じって、首を前後に動かしながら移動している姿をよく見ます。またカモじゃないか！　と思うかもしれませんが、カモではありません。クイナという鳥の仲間で、ヤンバルクイナのクイナです。クイナの仲間の多くは陸上で生活をしていますが、オオバンは水陸両用。それを可能にしているのがこの足です。カモのようにつながった水かきではなく、弁足といってそれぞれの指にひれのようなものがついています。

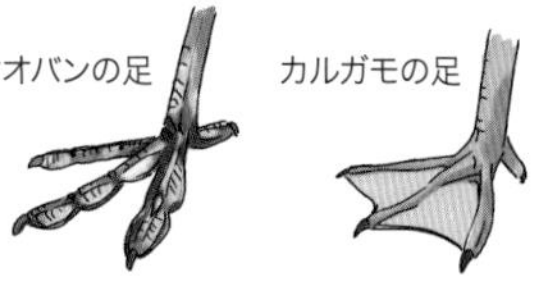

Birds Profile

漢字名	大鷭
科名	クイナ科
大きさ	39cm
時期	1年中

水面で首を前後に振りながら移動する姿が可愛らしい黒くてまるっとした鳥です。おでこにくちばしが延長したような白いものがあります。額板と呼ばれていますが、これが何なのかはわかっていません。ただ子どもは小さく、大人になると大きくなるようです。

池の新入生

1980年あたりから数が増え、それまでは珍しかった鳥でしたが今ではごくふつうに見られる鳥です。完全な思い込みですが、ボクとしてはオオバンは池の転校生で、クラスメイトになじめてない感がある鳥です。

たとえばオオバンが水中から水草をくわえて上がってくると、モヒカン頭のヒドリガモ先輩が「おう、ごくろうさん」と奪っていく様子は何度も見ていますし、のんびり羽づくろいしている背後から、寝癖頭のキンクロハジロ先輩にどつかれたりと、どことなくいじられキャラの位置にいる感じがします。これ以上エスカレートしないように、今のところ見守っています。

あまり番をしていない
バン

不思議な名前の由来

オオバンがいるのなら、コバンもいてほしいところですが、残念ながらコバンはいません。代わりにバンになります。不思議な名前ですが、由来は田んぼでよく見るので、田んぼの番をしてくれているからバンとついたのだとか。でも、実際に田んぼではあまり見かけない気がします。用心深い性格なので、ヨシのような背の高い草が茂っている所に身を隠すようにしています。

ついでに温めておいてね

カッコウ、ホトトギスは子育てをほかの鳥に押し付ける「托卵」ということをして悪いイメージを持たれることが多いです。ところが、バンも同じようなことをしているのに、カッコウたちほどイメージは悪くありません。

まず、押し付ける相手がたいてい同じ種類のバン同士ってことです。１羽が産める卵はせいぜい7個程度なのに、１つの巣に23個も入っていた記録があって「こりゃ、誰かやったな」が明らかなのも、潔くて嫌いになれません。またバンのヒナは卵からかえるとすぐに大人と一緒に動けるようになるので、エサの世話まではしてもらわずに巣を勝手に出ていきます。ついでに温めておいてもらう程度で済んでいるので、この托卵ならＯＫって感じがします。

Birds Profile

漢字名	鷭
科名	クイナ科
大きさ	33cm
時期	1年中

全身黒でくちばしは赤く鮮やか。オオバンと同じく額板がおでこまで広がっています。足の色は黄緑色。公園の水辺にもいますが、警戒心が強いので隠れてしまって見つからないことが多いです。会えたらラッキー。池の周りで草や虫など何でも食べています。

水辺の鳥

アオサギ

翼を広げたら改札2つ分が通れない

背は3歳児と同じなのに

アオサギは日本のサギの中で一番大きな鳥です。立っているときの高さは約100cmなので人間の3歳児と同じくらいですが、翼を広げると160cmにもなります。もしも駅の自動改札にとまっていたら、2つ分を封鎖してしまって、かなり困ったことになります。

のどをヒラヒラが暑さ対策

ダイサギのような水辺の鳥たちは、暑い夏でも比較的涼しそうではありますが、どうしようもなく暑くなってくると口を半開きにして、のどをふるふる震わせます。イヌが暑いときにベロを出してゼーハーしてるのと同じで口から体温を下げているんです。

大きな口は何でも食べる口

くちばしの形には意味があって、その鳥の食生活が反映されています。アオサギはその大きな口に入るものであれば何でも食べてしまいます。フナ、ウナギ、エイなどの魚だけでなく、ネズミもウサギもヒヨドリも食べてしまいます。噛むことはできないので全部丸飲みです。その食事シーンに出会うと、あまりの見境のなさに恐ろしく感じるほどです。

Birds Profile

漢字名	蒼鷺
科名	サギ科
大きさ	95cm
時期	1年中

いろんな水辺にいるので簡単に出会えます。名前はアオですが実際は灰色をしていて青くありません。昔は灰色をアオ（蒼）と言っていたからとか諸説あります。ただ、よーく目を凝らせば青っぽい灰色をしている気もしてきます。

田んぼの中にペンギン？

ゴイサギ

じっくり観察すると じわじわ面白い鳥

アオサギをコンパクトにしたような見た目です。シルエットはまるでペンギンみたいです。これも実は田んぼの真ん中にいたりする身近な鳥です。ただ背が低いのでほかのサギたちに比べたら見つけにくいかもしれません。

Birds Profile

漢字名	五位鷺
科名	サギ科
大きさ	58cm
時期	1年中

基本的には夜行性で薄暗くなってきてから田んぼや川の近くでエサを探します。夏場は子育てもあるので日中も活動する時間が多いようです。オスもメスも同じ色をしています。アオサギに色合いが似ていますが、大きさが全然違います。そして目が真っ赤。

ちゃんと食べてる?

首が短い鳥ではなく、ちゃんと伸びます。折り畳んだ状態が多いだけでエサを獲るときにはちゃんと伸ばせます。ちなみに、漁はちょっと下手くそです。というか動きません。ちょうど同じような場所で漁をしているコサギがサクサク小魚を仕留めているのに対して、ゴイサギはちっとも漁をしようとしません。やっと動いたと思っても空振りしていて成功率は低い感じがします。ちゃんと食べていけているのか不安になる鳥です。

ゴイサギとバンに朗報

2022年に法改正があって、ゴイサギとバンは狩猟してはいけない鳥になりました。数が減ってきていることがわかったため、狩猟対象から外されたのです。それまでは獲って食べてOKな鳥だったので、この2種はほっと胸を撫で下ろしていることと思います。ただ、数が減ってきているのは気になるところ。どちらも見た目も動きもユーモラスで観察しがいがある鳥なので、引き続き元気な姿が見られるようにあってほしいです。

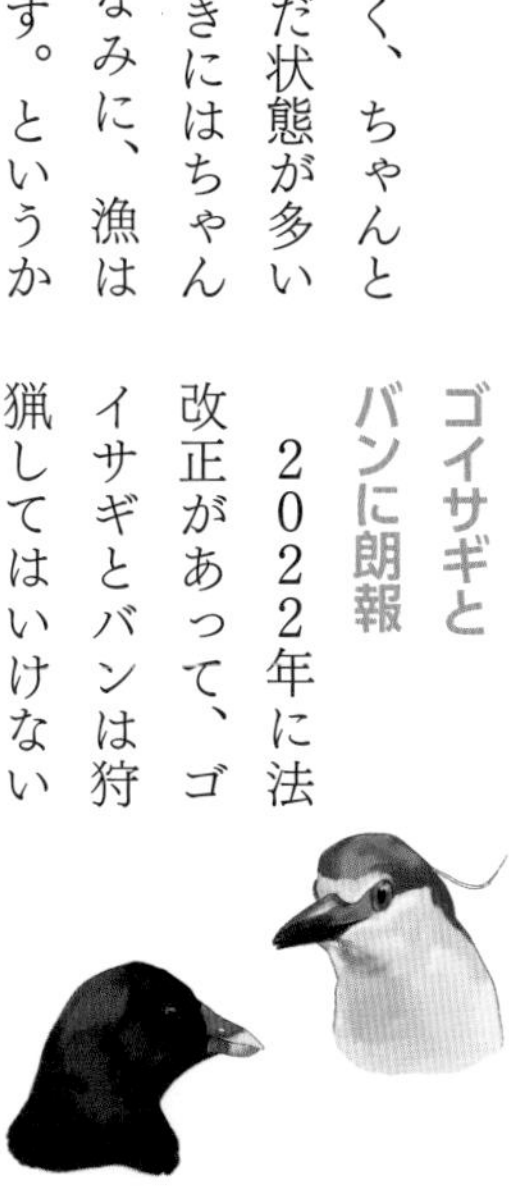

コサギ

さて、どのくらいの重さでしょう？

片手で持てる重さ

全身真っ白のサギです。実は白いサギには何種類かいるのですが、コサギは名前の通り小柄です。見分けるポイントは足指が黄色いところ。だいたいは水の中に入っているので見えませんが、移動したときにちらっと見えるので、そのときにチェックします。

コサギの体重は500gくらい。物に例えるとiPadです。iPadが無くてもペットボトル500mlでも代用できますね。カバンに入れても気にならない重さ。実際持ち運びはできませんが「はい、コサギがカバンに入ります」と言いながら、ボクは詰めています。

アクティブな食事

コサギは積極的に漁をしている姿が見られて、観察しがいのある鳥です。黄色い足で水底をつんつんして、土や石に隠れている小魚などに「いるのはわかってんだぞ」とでも言いたげな様子で脅かし、捕まえて食べています。

ダイサギなどの大きなサギたちはじっくり待って大物を狙っている印象ですが、コサギは自分から魚を追いかけていくタイプ。さっさと歩いて、パクパク小魚を食べています。体が小さい分、大きな獲物1匹よりも小さな獲物をたくさん食べるほうがいいのでしょう。

Birds Profile

漢字名	小鷺
科名	サギ科
大きさ	60cm
時期	1年中

シラサギは白いサギの総称で、この名前のサギはいません。足指が黄色いことのほかに、夏場であれば頭に冠羽という長い飾り羽が2本生えるので識別のポイントになります。また、胸や背の飾り羽はレースのように繊細でとてもきれいです。

Column

シラサギはいない。白いサギは何種類もいる。

全身真っ白のサギは目立ちます。幼少の頃「あれはシラサギだよ」と親に教わったので、何の疑いもなくシラサギと覚えていましたが、図鑑で調べてみるとシラサギという名前が見当たりません。なんとシラサギという名前の鳥はいないのです！　シラサギは白いサギの総称で、実際のところ白いサギには何種類かいます。はい、1種類じゃないんです。ここでは特によく見かける3種に絞って紹介します。

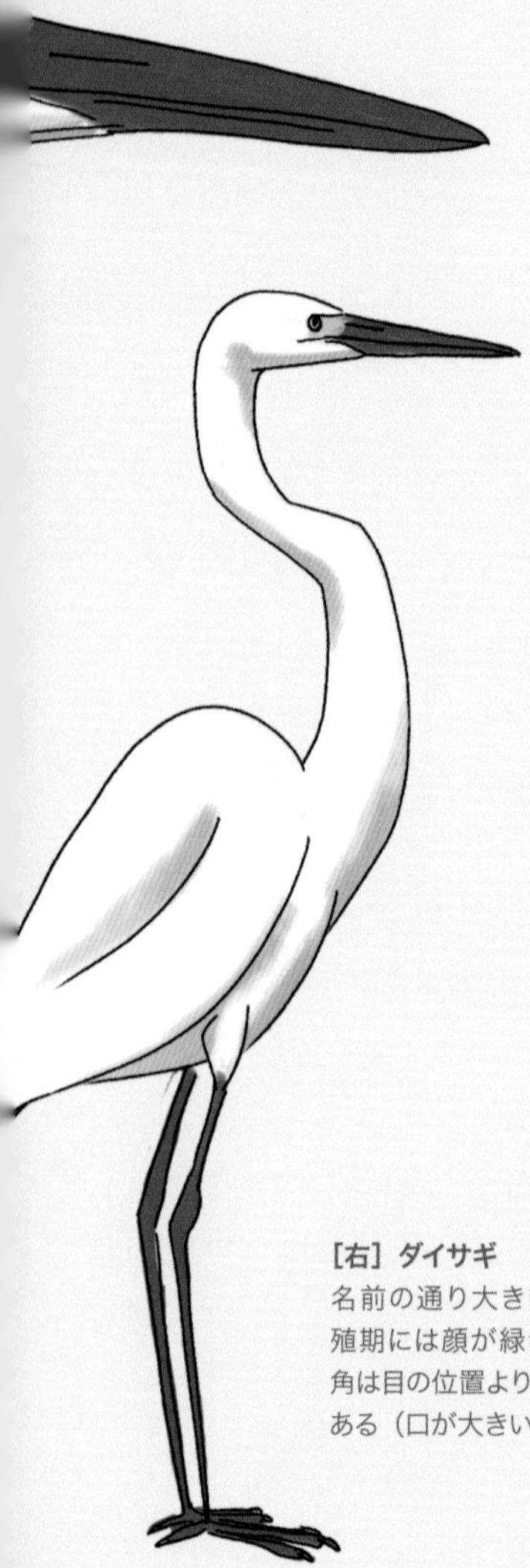

[右] ダイサギ
名前の通り大きい。繁殖期には顔が緑色。口角は目の位置より後ろにある（口が大きい）。

[中央] チュウサギ
ダイサギよりやや小さめ。くちばしもやや短い印象。体もずんぐりしている感じがします。渡り鳥なので夏にしかいません。

[左] コサギ
足指が黄色なので、見えれば一番わかりやすい。繁殖期である夏には後頭部からは2本のちょんまげが伸びています。よく漁をしているので観察しがいがあって個人的にはおすすめです。

できれば狙われたくない鳥
ハヤブサ

世界最速で突っ込まないで

絶対王者タカとならんで、生態系のトップに君臨するハヤブサ。新幹線の名前になっている通り、飛ぶのが早く、世界最速の動物です。そのスピードは時速300㎞といわれています。

狩りのスタイルは空中戦。飛んでいる鳥を高いところから急降下して仕留めます。このときに出る速度が新幹線並みなのです。獲物となる鳥にとっては高い空からあんな速度でハヤブサが襲いかかってくるのですから、狙われたらひとたまりもないでしょう。

Birds Profile

漢字名	隼
科名	ハヤブサ科
大きさ	♂42cm　♀49cm
時期	1年中

海岸に近い断崖や岩壁で繁殖します。オスメス同じ色をしていますが、オスのほうが体は小さめ。高いところにいるので、見えたとしてもとても小さくしか見えず、狙われて慌てる鳥の群れで存在がわかる感じです。鳴き声はキィキィキィ。

重さを武器に突っ込まないで

ハヤブサの体重はちょっと重め。同じ仲間のチョウゲンボウと比べてみると、チョウゲンボウの体長は33〜39㎝で、体重は200g前後。ハヤブサは45㎝の体長で、体重は軽くても500g、重いと1・2㎏もあります。まさかのメタボ体型でしょうか？

体重を重くしているのはハヤブサの戦略。落下速度を利用した狩りをするので重いほうが有利です。1・2㎏といえばノートパソコンくらいの重さ。それが新幹線の速度で体当たりしてきたらと思うと、恐ろしすぎます。

トビ

「一応タカ」といわれ続けて…

ほとんどカラス

一番身近な猛禽類だと思います。「トビがタカを生む」などといわれてしまって、ちょっと格下に位置付けられがちです。

トビはピーヒョロロと空を旋回し、死んで動かなくなった魚や小動物を見つけて食べています。オオタカのように動いている獲物を積極的に狩るスタイルではなく、死骸や生ゴミなどを食べるのが多いです。その食生活は、まるでカラスです。実際、バッティングするんでしょうね。カラスに追い回されてめんどくさそうにしている様子をよく見ます。

日本建国に関わった?

死骸や残飯をあさっていて迷惑者扱いされてしまうトビとカラス。でも、なんと日本書紀に登場するような輝かしい経歴を持っています。

金色のトビは、当時、戦いの真っ最中だった神武天皇の弓にとまり、その輝きで敵の目をくらませ勝利に導いたという、ありがたい存在として描かれています。また3本足のカラスであるヤタガラスも、神武天皇を導いた霊鳥として登場しています。

現代では生ごみをあさっている両者が、日本国建国をした神武天皇のお役に立っていたのですから、実は現代人にはわかっていない不思議な力を隠し持っているのではと妄想したくなります。

Birds Profile

漢字名	鳶
科名	タカ科
大きさ	♂54cm　♀64cm
時期	1年中

全身茶色ですが、翼を広げたときに白い斑が見えます。飛んでいる姿を本当によく見ますので、トビさえ覚えてしまえば、逆にほかのタカを見つけやすくなります。基準になる鳥なのでぜひ覚えてみてください。ちなみにトビでもトンビでもどっちもOK。

豪快に水に飛び込むタカ

ミサゴ

だただ呆然。

ミサゴは魚を狩るのに特化した鳥です。上空を旋回しながら魚を見つけ、一直線に獲物がいる水の中に飛び込みます！　カワセミの場合は頭からダイブしてくちばしで魚を捕らえますが、ミサゴは足を使います。するどい爪でがっちりつかむのです。

軽く自慢なんですけど、ボクはこのダイナミックなシーンをカヌーに乗っているときに見たことがあります。のんびりカヌーを漕いでいたら、いきなり上から鳥が降ってきて、水飛沫が上がったと思ったら、白いミサゴの頭が見えたんです。と思ったら魚を抱えて飛び去っていって、一瞬の出来事でした。たぶんですけど、捕まった魚もよく事態が飲み込めないままに運ばれて行ったのではないかと思います。

最初で最後の眺めをどうぞ

狩りのスタイルは大胆なミサゴですが、とった魚を運ぶときは、魚の頭も進行方向に向けてあげるという丁寧さ。頭と尾を固定するからジタバタしにくいとか、空気抵抗も考えているのかもしれません。ただ「ずっと水の中だったから、上空の眺めを最後に見せてやろう」と、余計な優しさでやってるのではと思っています。

Birds Profile

漢字名	鶚
科名	ミサゴ科
大きさ	♂54cm　♀64cm
時期	1年中

海や大きな魚のいる池で見られます。飛んでいる姿は、ほかのタカと比べてお腹のあたりが白いのと、翼がかなり長い点が違います。あと、池に飛び込む大きな鳥がいたらミサゴと思ってOK。水で魚を探るから「水さぐる」が名前の由来だそうです。

水にとことん特化

カワウ

毎日ずぶ濡れ

水辺にいる鳥たちの多くは、体が水に濡れると体温を奪われてしまうので対策をバッチリしています。分厚い羽毛で空気の層を作って、表面には体から出る油を塗って水が染み込みにくくしています。これで撥水はバッチリですが、体が浮いてしまいやすく泳ぎにくいというデメリットがあるのです。

そこでカワウは、水中での泳ぎを極めるため羽毛を濡らしてもOKとしました。なので水に入ると、ほかの鳥よりはびしょ濡れになりますが、泳ぎは断然上手です。俊敏に泳ぎまわり、漁の達人になりました。陸上で羽を広げている姿をよく見ますが、これは濡れてしまった羽を乾かしているのです。

鼻の穴がない

そして、カワウには鼻の穴がありません。ヒナのときには鼻の穴が空いているのですが、成長とともに閉じてしまいます。これも泳ぎに特化するためと考えられています。確かに人間もシンクロナイズドスイミングの選手は鼻を閉じてますもんね。水中で活発に動くためには鼻の穴は邪魔なのかもしれません。

Birds Profile

漢字名	河鵜
科名	ウ科
大きさ	80～90cm
時期	1年中

川や湖沼、海岸などでも見られます。全身黒っぽい色をしていますが、夏は頭から首が白い羽毛に変わります。宝石のようなグリーンの目がとてもきれいです。数百羽～千羽の群れを作って集団で魚を捕まえます。最長で70秒も潜水していたそうです。

Column

羽毛は保温&はっ水どっちもすごい

おまけに軽くて強度もある!!

もし「鳥ってどこがすごいの?」と聞かれたら「羽毛がすごい」って答えると思います。ダウンジャケットに羽毛のお布団。こんなに軽くて暖かくて、冬に羽毛は欠かせません。ありがとう羽毛。ま、どちらかというと「すごい」より「お世話になっています」かもしれませんね。

保温の役割をしている羽毛は綿羽といいます。ダウンのことです。綿のようにふわふわで、空気の層を作るので保温ができる仕組みです。ただ体を冷えないようにするだけなら脂肪で全身覆う方法だってあるわけです。でもそうしてしまうと体が重くて飛べません。鳥は体を軽くしないといけないから、空気の層で保温する仕組みを採用しました。おかげで軽くて暖かい冬を、人にわけてくれています。

羽毛の機能は保温だけではありません。水を弾く力、はっ水性にも驚きます。水辺の鳥を見てみると体についた水が玉のように弾かれているのが見られると思います。水に浮かんで、全身水に浸かることはあっても、内部まで染み込みません。体の表面を覆う羽毛には細かな凹凸があって、水を弾く構造になっている上に、体から出る油を表面に塗ってより弾くようにしているのです。

ただ温めるだけでなく、はっ水性もあり、軽くて、おまけにちょっとやそっとでは折れない強さも兼ね備えています。やっぱり羽毛ってすごい!

気になる鳥の名前がわからなかったら?

見たことない鳥が現れて「なんて名前だろう?」と思っても、名札をぶら下げていないので、どのように名前を調べたらいいか途方にくれますよね? オスとメスで色が違ったり、光の加減では図鑑通りの色に見えなかったりもします。ここでは鳥を覚える際に役に立つ調べ方やツールを紹介します。

まずは推しを決めよう

全員同じ顔に見えていたアイドルグループのメンバーの中から、特に注目する「推し」を一人決めると、徐々に区別がつくようになる現象と同じです。図鑑のすべての種を一気に覚えようとはせず、少しずつ知っている鳥を増やしていきましょう。

検索に大切なのは「色」

鳥の名前を調べるには、やっぱりインターネット検索が便利です。検索の際に重要な情報になるのは「色」でしょう。もしオレンジ色に見えたのであれば「オレンジの鳥 日本」と検索すれば、見た鳥に近いものが検索結果に表示されると思います。

Google画像検索/Googleレンズ

もし写真が撮れたのであればGoogleの画像検索もおすすめです。特に身近な種類であれば、当ててくれます。鳥だけでなく、虫や草花にも対応しているのが助かります。Googleであたりをつけて、詳しくは図鑑で調べると良いと思いまず。ちなみにパソコンでは「画像検索」、スマホアプリでは「レンズ」と呼び名が違うようです。

検索バーの一番右にあるカメラマークをクリックすると画像検索ができます

こんな写真でもちゃんと識別してくれました

おすすめの図鑑

やはり専門家の書いた図鑑は1、2冊手元にあると良いです。初心者の方向けに、おすすめの図鑑をピックアップしました。

◉安西英明（解説）、谷口高司（絵）『野鳥観察ハンディ図鑑　新・山野の鳥／新・水辺の鳥　改訂版』財団法人日本野鳥の会

情報も紙面もコンパクトに凝縮されている上、手頃なお値段です。

◉叶内拓也（文・写真）、水谷高英（イラスト）『野鳥手帳　「あの鳥なに？」がわかります！』文一総合出版

イラストが美しくて、眺めているだけでも楽しい。

◉石田光史（著）　樋口広芳（監修）『ぱっと見わけ観察を楽しむ野鳥図鑑』ナツメ社

QRコードを読み込むと鳴き声が聞けて便利です。

◉柴田佳秀（著）、piro piro piccolo（イラスト）、菅原貴徳（写真）『散歩道の図鑑　あした出会える野鳥100』山と溪谷社

見わけ方、生態、おもしろいポイントがまとまってて、写真もきれいです。

サントリー鳴き声検索

鳴き声から調べたいときは「サントリーの日本の鳥百科」のページがおすすめです。聞いた時期、場所などで絞り込める機能が使いやすく、音声もサクサクと聞けるので便利です。

イラストの道具について

　ボクのSNSに寄せられるメッセージで「何を使って絵を描いていますか？」という質問が多いので、ここでは絵を描く道具について紹介します。今回のこの本のイラストは全てiPadとAdobe Frescoというアプリで描きました。

　iPadを使うメリットは色が豊富にあることです。アナログの画材（水彩絵の具や色鉛筆）を使うこともありますが、欲しい色が手元にないと自分で混ぜて作り出す必要があって、それがボクには難しい作業です。ホイールの中から色をピックアップして、好きな色を選び放題な点がデジタルの強みだと思います。

ホイールにあるポイントを動かすだけでいろいろな色が作り出せます

　Adobe Frescoはお絵描きアプリで無料で使えます。iPhone、iPad、そしてWindowsにも対応しています。お絵描きアプリの種類はたくさんありますが、Frescoは画面上で色を混ぜられる機能があって、それが好きで使っています。

　ボクがイラストを描くようになったのは２０２１年からです。コロナ禍で外出自粛になり、増えた「おうち時間」を「絵を描く」に使い始めたのがきっかけです。

　絵を描くことでたくさんの発見がありました。たとえば、この本の中でエナガのアイシャドーの話題がありますが、それに気づけたのは絵のおかげです。絵は、実物をじっくり観察しないと描けません。それまで何度も実物のエナガを見ていましたが、まさか目元まで見てなかったので、エナガのアイシャドーにまったく気づいていませんでした。こんな発見がまだまだたくさんあります。ぜひ、みなさんも絵を描くことにチャレンジしてみてください。

青の色の上に黄色を乗せて、ペンでグリグリまわすと色が混ざって緑になる機能がリアルです。

①ざっくり下書きをして

②クレヨンで塗るようなイメージで書き込んでます

③デジタル上なのでくちばしの長さや腹の膨らみなどはあとで調整できます

おわりに

最後までお読みいただきありがとうございます。この本がきっかけで身近な鳥たちのドラマに出会い、驚いたり感動したりして、自然を愛する仲間が増えてくれたらとの思いで書かせてもらいました。

そういえば、ボクが自然公園のスタッフをしていたときに、園内で見られる季節の花や鳥などをボードで紹介していたことを思い出しました。写真に一言その生きものの魅力を添えて掲示していたのが、この本のはじまりだったように思います。

このように自然の魅力を伝える人を「インタープリター」と呼びます。インタープリターは通訳者という意味で、英語を日本語に通訳する人がいるように、自然語を人間語にして伝える人です。みなさんの近くにもビジターセンターや案内所のある公園があると思います。そこにはきっとボクと同じように自然の魅力を伝える職員さんがいますので、ぜひ一度立ち寄ってみてくださいね。公園は野鳥観察スポットとしてもちょうどいいので、おすすめです。

これまで多くのみなさんに支えられてきました。ホールアース自然学校のあんまー。柏崎・夢の森公園のスタッフと、動植物検討会をはじめとする市民活動グループのみなさん。みなさんと積み重ねた経験が糧になりこの本にたどりつきました。

日本野鳥の会の上田恵介さんには、お忙しい中監修を引き受けていただきました。同じく日本野鳥の会の遠藤孝一さんには、観光協会のときも、今回の出版の際にもいつも的確なサポートをいただいております。サシバの里自然学校の遠藤隼さんにも、相談に乗ってもらいました。心より感謝申し上げます。

そして、ＳＮＳの片隅で発信をしていたボクに「本を出しませんか？」と声をかけてくださった編集者の井澤健輔さんの勇気に感服するとともに、とても丁寧に対応いただき気持ちよく制作できました。ありがとうございました。

いつもそばで支えてくれている家族と、幼少期にたくさん遊んでくれた今は亡きさっちゃんおじちゃんにも感謝の気持ちを届けたいです。本当にありがとう！

最後に。この本を書くにあたり、たくさんの資料を参考にさせていただきました。この本で紹介した鳥たちの暮らしは、多くの方の研究によって明らかになったものばかりです。野鳥の研究に携わるみなさまの日々のご努力に敬意を表します。

おもな参考文献

『バードリサーチ生態図鑑　2016年2月版』　特定非営利活動法人バードリサーチ（編）
『鳥類生態学』　黒田長久（著）　出版科学総合研究所
『鳥になるのはどんな感じ？』　デビッド アレン シブリー（著）川上和人（監修）嶋田香（翻訳）　羊土社
『トリノトリビア 鳥類学者がこっそり教える 野鳥のひみつ』　川上和人（著・監修）マツダユカ・三上かつら・川嶋隆義（共著）　西東社
『つばきレストラン』　おおたぐろまり（著）　福音館書店
『日本野鳥の会のとっておきの野鳥の授業』　日本野鳥の会（編）上田恵介（監修）　山と溪谷社
『鳥のおもしろ私生活』　ピッキオ（編著）　主婦と生活社
『身近な「鳥」の生きざま事典』　一日一種（著）　SBクリエイティブ
『電柱鳥類学』三上修（著）　岩波書店
『見つける　見分ける　鳥の本』　秋山幸也（著）　成美堂出版
『身近な鳥のすごい巣』　鈴木まもる（著）　イースト新書
『カラー版 身近な鳥のすごい食生活』　唐沢孝一（著）　イースト新書
『見る聞くわかる 野鳥界　生態編―生息環境とわけあり行動の進化』　石塚徹（著）山岸哲（監修）　信濃毎日新聞社
『野鳥と木の実ハンドブック』　叶内拓哉（著）　文一総合出版
『となりのハト　身近な生きものの知られざる世界』　柴田佳秀（著）　山と溪谷社
『カラー版　虫や鳥が見ている世界―紫外線写真が明かす生存戦略』　浅間茂（著）　中公新書
『鳥はなぜ鳴く？ ホーホケキョの科学』　松田道生（著）中村文（絵）　理論社

『ぱっと見わけ観察を楽しむ　野鳥図鑑』　樋口広芳（監修）石田光史（著）　ナツメ社
『知っているようで知らない鳥の話』　細川博昭（著）　サイエンス・アイ新書
『野鳥手帳　「あの鳥なに？」がわかります！』　叶内拓哉（文・写真）水谷高英（イラスト）文一総合出版
『都会で暮らす小さな鷹 ツミ（月刊たくさんのふしぎ2022年3月号）』　兵藤崇之（著）　福音館書店
『鳥類のデザイン――骨格・筋肉が語る生態と進化』　カトリーナ・ファン・グラウ（著）川上和人（翻訳）鍛原多恵子（翻訳）　みすず書房
『散歩道の図鑑　あした出会える野鳥１００』　柴田佳秀（著），piro piro piccolo（イラスト）菅原貴徳（写真）　山と溪谷社
『絵を描くための鳥の写真集』　宮本桂、尾崎親三郎（撮影）　マール社
松田道生，1977，エナガによるシジュウカラの巣への給餌例，STRIX，15：144-147，

おもな参考ウェブサイト

バードリサーチニュース
https://db3.bird-research.jp/news/
京都大学白眉センター研究の現場から
https://www.hakubi.kyoto-u.ac.jp/pub/267/275/2019/2882
農研機構「鳥類別生態と防除の概要：ヒヨドリ」
https://www.naro.affrc.go.jp/org/narc/chougai/wildlife/bulbul.pdf

サ

タ

ナ

ハ

マ

ヤ・ラ・ワ

さくいん

※細字は文中やコラムなどで紹介したページです。

ア

カ

絵・文　**くますけ（くまつ　しんすけ）**

子どもたちに、自然の楽しさを、やわらかく伝える専門家。自然ガイド歴15年。関東平野の真ん中で筑波山を眺めながら、すくすくと育つ。20代最後の挑戦で、体験型環境教育を実践するホールアース自然学校へ転職。柏崎・夢の森公園での勤務を経て独立。ふざけすぎない、くだけ方で、行政・企業・先生のウケがいい。おうち時間が増えたのをきっかけにイラストを描き始め、公園や庭で見られる自然の「へぇ！」という発見や「そうそう！」と言いたくなるネタをSNSで発信している。影響を受けた本は『自然語で話そう』（広瀬敏通著）と『足もとの自然から始めよう』（デイヴィッド・ソベル著）。一番好きな鳥はヒヨドリ。

インスタグラム　https://www.instagram.com/kumasuke902/
X（Twitter）　https://twitter.com/kumasuke902
Note　https://note.com/kumasuke902

監修　**上田恵介**

鳥類学者。日本野鳥の会会長、立教大学名誉教授、山階鳥類研究所特任研究員。生態学者として著書多数。日本動物行動学会会長、日本鳥学会会長なども歴任。2016年第19回山階芳麿賞、2020年日本動物行動学会日高賞を受賞。

装丁・本文デザイン　美柑和俊＋塚本亜由美（MIKAN-DESIGN）
編集　井澤健輔（山と溪谷社）

エナガの重さはワンコイン
身近な鳥の魅力発見事典

2023年11月30日　初版第1刷発行

著者　くますけ
発行人　川崎深雪
発行所　株式会社 山と溪谷社
〒101-0051　東京都千代田区神田神保町1丁目105番地
https://www.yamakei.co.jp/
印刷・製本　株式会社シナノ

●乱丁・落丁、及び内容に関するお問合せ先
山と溪谷社自動応答サービス　TEL.03-6744-1900
受付時間／11:00-16:00（土日、祝日を除く）
メールもご利用ください。
【乱丁・落丁】service@yamakei.co.jp　【内容】info@yamakei.co.jp
●書店・取次様からのご注文先
山と溪谷社受注センター　TEL.048-458-3455　FAX.048-421-0513
●書店・取次様からのご注文以外のお問合せ先
eigyo@yamakei.co.jp

ISBN978-4-635-23017-9

Printed in Japan